EUROPA-FACHBUCHREIHE
für Metallberufe

Grundwissen
Elektropneumatik

Ein handlungsorientiertes Unterrichtsprojekt

4. Auflage

von
Friedrich Henninger und Thomas Pachtner

VERLAG EUROPA-LEHRMITTEL · Nourney, Vollmer GmbH & Co. KG
Düsselberger Straße 23 · 42781 Haan-Gruiten

Europa-Nr.: 15716

Autoren:
Friedrich Henninger, OStR, Landshut
Thomas Pachtner, StD, Landshut

Verlagslektorat:
Armin Steinmüller, Haan-Gruiten

Bildbearbeitung:
Die Autoren mithilfe eines CAD-Programms

Das Unterrichtskonzept entstand im Rahmen des Modellversuchs „Fächerübergreifender Unterricht in der Berufsschule" in Bayern unter der wissenschaftlichen Begleitung des Staatsinstituts für Schulpädagogik und Bildungsforschung, München und der Technischen Universität München.

Bedanken möchten wir uns bei den Fachlehrern Dr. Karl Greiner und Ernst Meyer für die Zusammenarbeit während des Modellversuchs.

Vielen Dank auch an die Fa. Festo für die freundliche Genehmigung des Abdrucks der Bilder auf den Seiten 47, 48, 52, 53 und 54.

---

4. Auflage 2017
Druck 5 4 3 2 1
Alle Drucke derselben Auflage sind parallel einsetzbar, da sie bis auf die Behebung von Druckfehlern untereinander unverändert sind.

ISBN 978-3-8085-1574-7

Diesem Unterrichtsprojekt wurden die neuesten Ausgaben der DIN-Normen zugrunde gelegt. Verbindlich sind jedoch nur die DIN-Blätter selbst.

Verlag für DIN-Blätter: Beuth-Verlag GmbH, Burggrafenstraße 6, 10787 Berlin

Alle Rechte vorbehalten. Das Werk ist urheberrechtlich geschützt. Jede Verwendung außerhalb der gesetzlich geregelten Fälle muss vom Verlag schriftlich genehmigt werden.

© 2017 by Verlag Europa-Lehrmittel, Nourney, Vollmer GmbH & Co. KG, 42781 Haan-Gruiten
http://www.europa-lehrmittel.de

Satz: Daniela Schreuer, 65549 Limburg
Umschlag: Michael M. Kappenstein, 60594 Frankfurt a. M.
Druck: Konrad Triltsch, Print und digitale Medien GmbH, 97199 Ochsenfurt-Hohestadt

Vorwort

Eine enge Verknüpfung von Theorie und Praxis in der Berufsausbildung ist das grundsätzliche didaktische Anliegen einer zeitgemäßen Ausbildung und soll Auszubildende zum selbstständigen beruflichen Handeln befähigen. Dieses Ziel wird auch in den kompetenzorientierten Lehrplänen angestrebt. Das Lernen in Lernsituationen soll es ermöglichen, die betriebliche Praxis in die Schule zu holen.

Unser Lernheft greift diese Herausforderung auf und setzt sie mit dem Konzept des handlungsorientierten Unterrichts um. Als Lerngegenstand dient eine **elektropneumatische Steuerung einer Spannvorrichtung**.

Diese berufstypische Aufgabenstellung ist geeignet für die Ausbildung von Industriemechanikern, Feinwerkmechanikern und Mechatronikern.

Die angestrebte Handlungskompetenz erfordert neben fundiertem fachlichen Wissen und Können (Fachkompetenz) auch überfachliche Kompetenzen wie Kooperations- und Kommunikationsfähigkeit (soziale Kompetenz) oder das Denken in Zusammenhängen, Zuverlässigkeit und Ausdauer (personale Kompetenz). Zusätzlich steht die selbstständige Wissenserweiterung, das selbstständige Planen und Ausführen von Steuerungen im Vordergrund (methodische Kompetenz). Diese Kompetenzen sind unmittelbare Voraussetzung für eine ganzheitliche Bildung und werden mit diesem Unterrichtskonzept gezielt gefördert.

Die Steuerungsaufgabe ist nach den sechs Handlungsschritten aufgebaut:

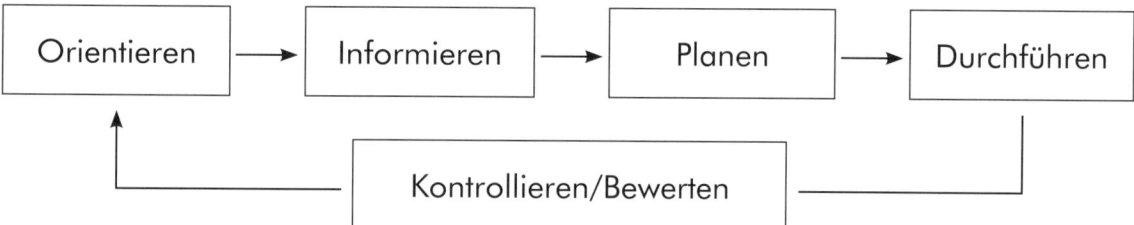

So lernen Schüler nicht nur elektropneumatische Steuerungen zu planen und auszuführen, sondern auch das systematische und zielstrebige Handeln. Diese Denkstruktur hilft besonders bei der Fehlersuche und führt zielstrebig zu selbstregulierten Lernprozessen und einem verbesserten Selbstkonzept der Schüler.

In der überarbeiteten **4. Auflage** wurden die aktuellen Normen im Bereich der Automatisierungstechnik nach DIN EN 81346-2 (5/2010) und ISO 1219-1 (6/2012) eingearbeitet. Der ausführliche Anhang liefert gezielte Hilfestellung zu einzelnen Lernabschnitten und pädagogische Überlegungen zum Unterricht.

Die im Schüler- und Lehrerheft vorkommenden Schaltpläne werden für das Computersimulationsprogramm „FluidSIM 5.0" der Firma Festo angeboten.

Aus Gründen der besseren Lesbarkeit wird auf die gleichzeitige Verwendung männlicher und weiblicher Sprachformen verzichtet. Sämtliche Personenbezeichnungen gelten gleichermaßen für beiderlei Geschlecht.

Die Autoren wünschen den Auszubildenden und den Unterrichtenden viel Freude bei der Bearbeitung der Projektaufgabe.

Die Autoren und der Verlag sind allen Nutzern für kritische Hinweise und Verbesserungsvorschläge dankbar (lektorat@europa-lehrmittel.de).

Sommer 2017

Friedrich Henninger
Thomas Pachtner

STEUERUNGSTECHNIK — Symbole

Erklärung der Symbole

> Die nachfolgenden Symbole finden Sie am linken Rand Ihrer Arbeitsblätter. Sie sollen Ihnen helfen, bei der Lösung des Steuerungsproblems systematisch vorzugehen.

❑ Dieses Zeichen erscheint immer, wenn Sie eine Handlung ausführen sollen. Wenn Sie fertig sind, machen Sie ein Kreuz in dieses Symbol. So können Sie und auch die Lehrkräfte sofort feststellen, wie weit Sie mit Ihrer Arbeit fortgeschritten sind.

👓 Die Brille kennzeichnet einen Beobachtungsauftrag.

📖 Das aufgeschlagene Buch weist Sie darauf hin, dass Sie sich über ein Thema informieren sollen.

Diese Informationen erhalten Sie meistens aus den Informationsblättern im hinteren Teil des Lernhefts.
Weitere Informationsquellen sind Fachbücher, das Tabellenbuch oder digitale Medien.

✏️ An dieser Stelle müssen Sie etwas schreiben oder zeichnen. Dieses Symbol erscheint nicht, wenn leere Zeilen ohnehin einen eindeutigen Arbeitsauftrag symbolisieren.

Bei schwierigeren Aufgaben ist es sinnvoll, wenn vorerst nur ein Gruppenmitglied die Aufzeichnungen mit Bleistift schreibt und die Arbeitsblätter erst nach einer Besprechung mit dem Lehrer ausgefüllt werden.

⇔ Dieses Symbol verlangt einen Informationsaustausch. Er dient Ihrer Kontrolle, ob Sie auf dem richtigen Weg sind, die Steuerungsaufgabe zu lösen. Der Unterrichtende bestätigt die Richtigkeit mit seiner Unterschrift.

_____
Unterschrift

Testen Sie Ihr Wissen
Diese Aufgaben bearbeiten Sie erst, nachdem Sie den Lernschritt verstanden haben. Sie sollen Ihr erworbenes Wissen testen.

 Der erhobene Finger weist Sie auf etwas Wichtiges hin.

| Inhalt | STEUERUNGSTECHNIK | Seite 5 |

Inhaltsverzeichnis

Arbeitsblätter

		Seite
1	Technologieschema der Spannvorrichtung	6
2	Erstellen von GRAFCET	7
3	Zeichnen eines Funktionsdiagramms	10
4	Beschreiben der Funktion	11
5	Signalglieder mit Handbetätigung	13
6	Einbauen von Relais	16
7	Anschließen von Sensoren	18
8	Anschließen eines Magnetventils	21
9	Signale logisch verknüpfen	23
10	Aufbauen der Schritte 1 und 2 der Steuerung	25
11	Aufbauen von Schritt 4 der Steuerung	27
12	Aufbauen von Schritt 5 der Steuerung	31
13	Elektropneumatischer Schaltplan	33
14	Beseitigen von Fehlern	34
15	Optimieren der Steuerung	37
16	Erweiterte GRAFCET-Darstellung	39
17	Aufbauen der Steuerung als Taktkette	40
18	Schaltplan der Taktkettensteuerung	41

Informationsblätter

1	Funktionsdarstellung als GRAFCET	43
2	Das Funktionsdiagramm	45
3	Darstellung elektrischer Steuerungen	46
4	Mechanische Signalglieder	47
5	Das Relais	49
6	Sensoren (Näherungsschalter)	51
7	Vorgesteuertes Impulsmagnetventil	54
8	Signalverarbeitung	55
9	Planmäßiges Vorgehen bei der Fehlersuche	57
10	Not-Aus-Bedingungen	59
11	Erweiterte GRAFCET-Darstellung	60
12	Prinzip einer Taktkette	62

Stichwortverzeichnis 63
Anhang 65

1 Technologieschema der Spannvorrichtung
(schematische Darstellung)

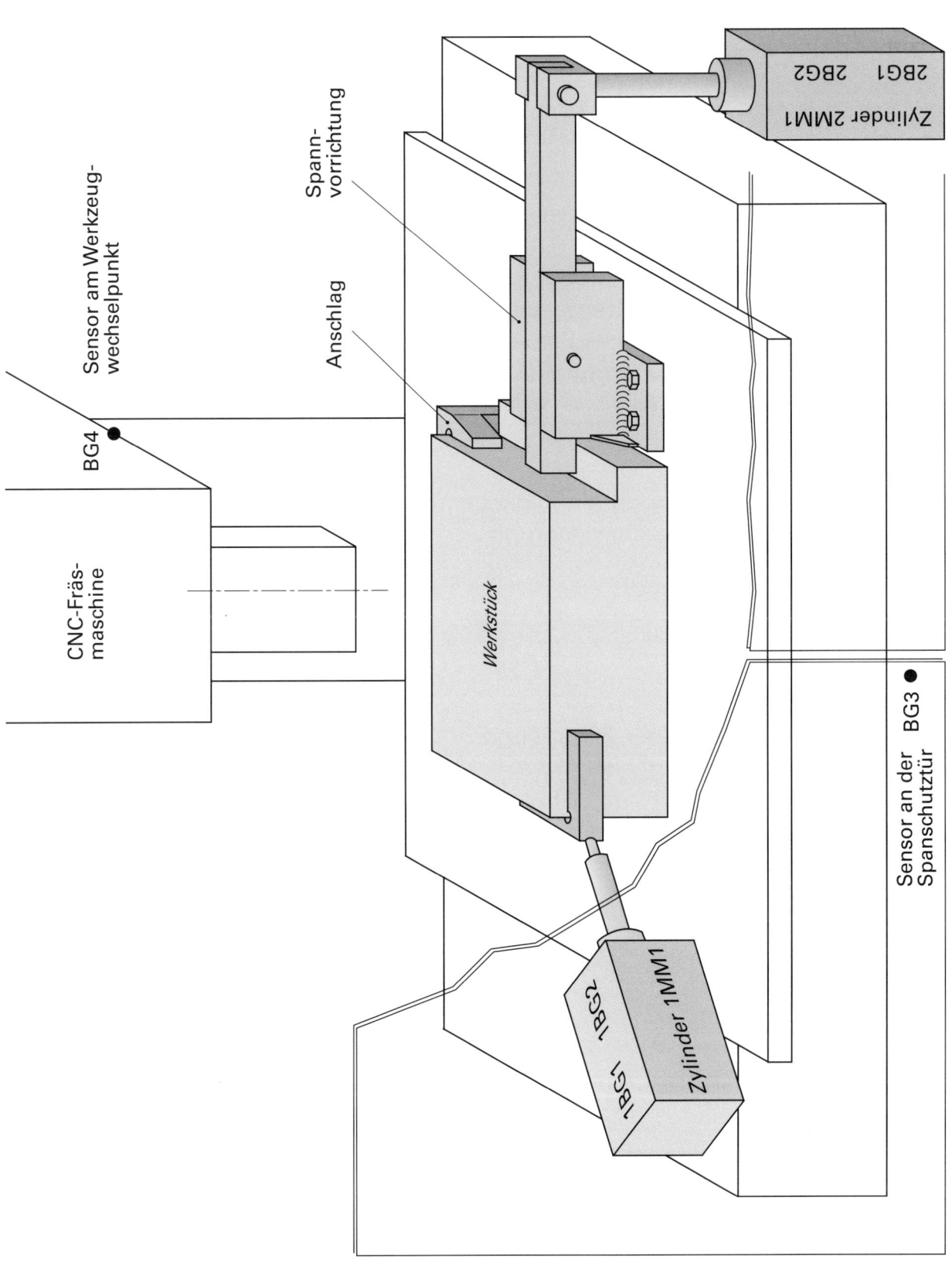

2 Erstellen von GRAFCET

Am Beispiel der Steuerung einer Spannvorrichtung sollen Sie steuerungstechnische Grundlagen erarbeiten und einen GRAFCET erstellen. GRAFCET ist die neue Norm für Ablaufbeschreibungen, der Nachfolger des „Funktionsplans". Festgelegt ist GRAFCET in der DIN EN 60848.

👓 Informieren Sie sich genau über den Ablauf des Steuerungsvorgangs und alle Bedingungen, die für die Ausführung des Spann- und Entspannvorgangs notwendig sind.

❑ Untersuchen Sie die Aufgaben der verwendeten Signalglieder (Taster und Sensoren) und notieren Sie diese unten.

In der Steuerung sind die folgenden Signalglieder eingebaut:

an der Spannvorrichtung:

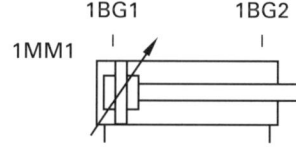

am Schaltpult:

Taster SF1 (Spannen)
Taster SF2 (Entspannen)

an der CNC-Fräsmaschine:

Sensor BG3 Spanschutztür
Sensor BG4 Werkzeugwechselpunkt

Taster SF1: _____

Taster SF2: _____

Sensor 1BG1 meldet: _____

Sensor 1BG2 meldet: _____

Sensor 2BG1 meldet: _____

Sensor 2BG2 meldet: _____

STEUERUNGSTECHNIK — GRAFCET I — Arbeitsblatt

Sensor BG3 meldet: _____

Sensor BG4 meldet: _____

⇔ Vergleichen Sie Ihre Ergebnisse mit anderen Gruppen. Wenn Sie sich vergewissert haben, dass alle Ihre Einträge richtig sind, bearbeiten Sie die nächste Aufgabe.

📖 Informieren Sie sich über die Notwendigkeit und den Aufbau eines GRAFCET.

❏ Erstellen Sie einen GRAFCET vom Ablauf der Steuerung.
Das Schema für GRAFCET finden Sie auf der nächsten Seite.

☞ Auch die CNC-Bearbeitung soll als eigener Arbeitsschritt eingetragen werden. Eine automatische Ansteuerung der CNC-Fräsmaschine ist bei diesem Projekt nicht vorgesehen, daher muss diese von Hand gestartet werden.

Testen Sie Ihr Wissen

Nennen Sie zwei Vorteile für die grafische Darstellung eines Steuerungsablaufs nach GRAFCET.

_____

_____

Finden Sie einen deutschen Begriff für das Fremdwort Transitionsbedingung:

_____

Stellen Sie grafisch die folgenden Transitionsbedingung im GRAFCET dar: Nur wenn beide Zylinder eingefahren sind und der Taster SF1 betätigt ist, soll der nächste Schritt stattfinden können.

Arbeitsblatt GRAFCET I STEUERUNGSTECHNIK

Funktionsablauf für die Spannvorrichtung als GRAFCET

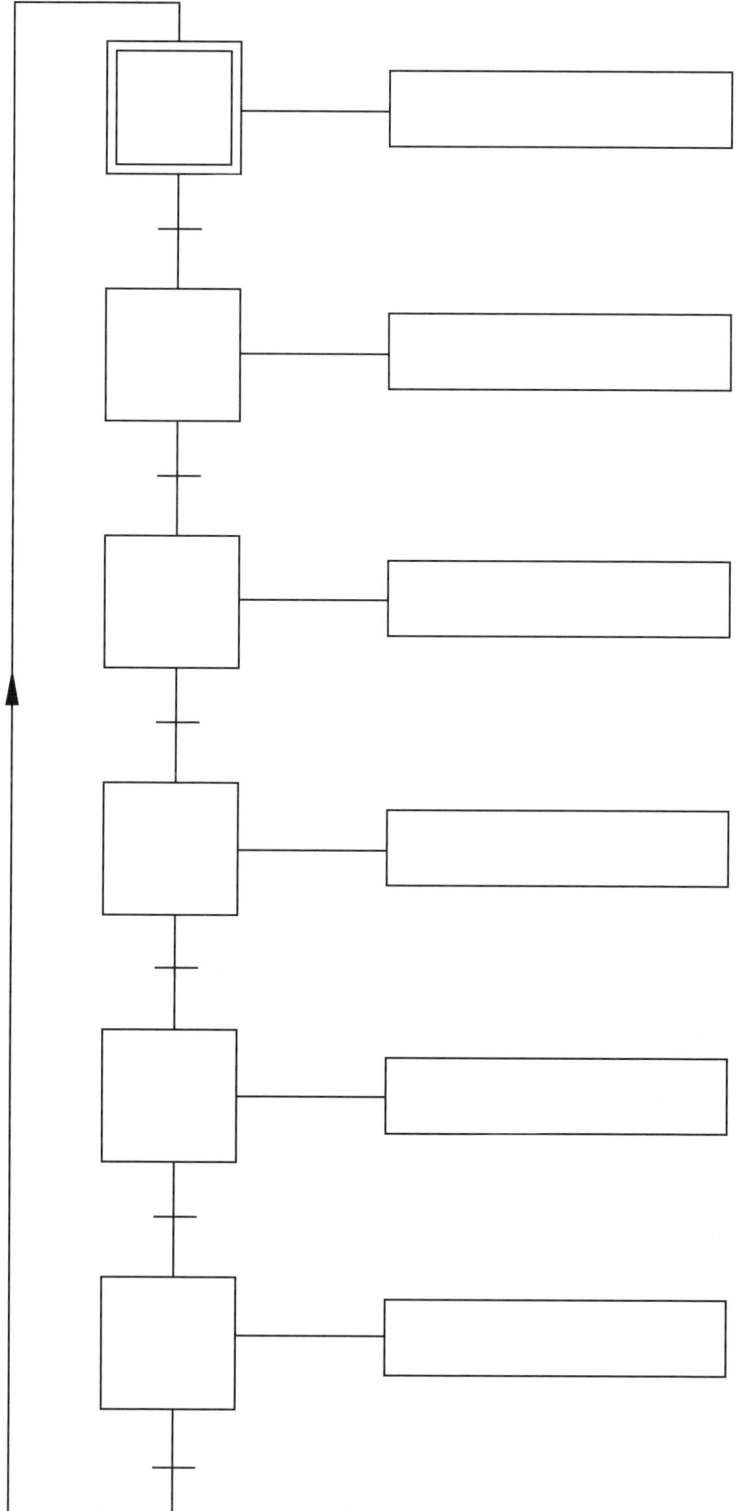

👓 Vergleichen Sie Ihren GRAFCET mit dem tatsächlichen Steuerungsablauf.

⟺ Besprechen Sie die Lösung mit dem Lehrer.

Unterschrift

STEUERUNGSTECHNIK — Weg-Schritt-Diagramm — Arbeitsblatt

3 Zeichnen eines Funktionsdiagramms

Eine weitere Darstellungsmöglichkeit eines Steuerungsablaufs bieten Funktionsdiagramme. Eine Form eines Funktionsdiagramms ist das Weg-Schritt-Diagramm – ein sehr anschauliches Werkzeug mit allen am Steuerungsablauf beteiligten Bauteilen.

Erstellen Sie für die Steuerung der Spannvorrichtung ein Weg-Schritt-Diagramm für die Arbeitsglieder, die Stellglieder und die Signalglieder mit allen notwendigen Signallinien.
Alle Startbedingungen sollen hier aus Platzgründen in dem Signalglied SF1 zusammengefasst werden.

📖 Informationen über das Weg-Schritt-Diagramm finden Sie in Ihren Unterlagen.

Bauglieder			Schritt					
Bezeichnung	Nr.	Lage	0	1	2	3	4	5
Startbedingungen								
		1						
		0						
		1						
		0						
		1						
		0						
		1						
		0						

⇔ Vergleichen Sie Ihre Lösung mit anderen Arbeitsgruppen.

⇔ Stellen Sie Ihre Lösung dem Lehrer vor.

_____
Unterschrift

Testen Sie Ihr Wissen

Nennen Sie vier Informationen, die ein Weg-Schritt-Diagramm enthält.

_____

_____

Arbeitsblatt Funktionsbeschreibung **STEUERUNGSTECHNIK**

4 Beschreiben der Funktion

❑ Erarbeiten Sie in der Gruppe eine **sprachlich** und **inhaltlich** richtige Funktionsbeschreibung der Spannvorrichtung nach dem Funktionsdiagramm. Achten Sie auf genaue Beschreibung der Funktionszusammenhänge, korrekte Bauteilbezeichnungen und Übersichtlichkeit.

4 Describing the function

❏ Working in a group come up with a **grammatically and in substance** correct functional description of the clamping device according to the function chart.
Write the functional description in the list below. Make sure the text is clearly arranged by constructing meaningful paragraphs.

Word check
activate, clamp, control, cuttings, device, electro pneumatic, extend, facings, front end, function, initial, loosen, machined, milling, mounted, positioned, press, protecting, processed, processing, rear end, move, retract, starting, switch, tool interchange point, valve, operate

⇔ Ask the teacher about correctness.

signature

Arbeitsblatt — Schalter und Taster — STEUERUNGSTECHNIK

5 Signalglieder mit Handbetätigung

Bei der Steuerung der Spannvorrichtung werden Taster verwendet, durch die Steuerimpulse zum Aus- und Einfahren der Spannzylinder in die Steuerung eingegeben werden.
Aus diesem Grund lernen Sie den Aufbau und die Funktion elektrischer Kontaktsteuerungen und von Signalgliedern mit Handbetätigung kennen.

📖 Informieren Sie sich über elektrische Kontaktsteuerungen.

📖 Informieren Sie sich über mechanisch betätigte Signalglieder.

Aufgabe

Bauen Sie den nachfolgenden Schaltplan an der Arbeitstafel auf. Beachten Sie auch die darunter stehenden Hinweise. Zur Vereinfachung werden vorerst Lampen (statt Magnetventile) als Verbraucher verwendet.

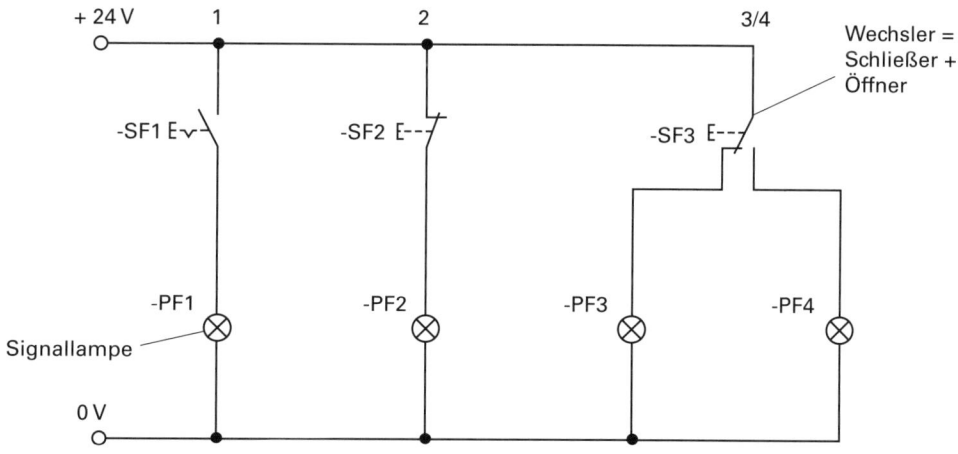

- ❏ Legen Sie alle notwendigen Bauteile bereit.

- ❏ Befestigen Sie die Bauteile übersichtlich an der Arbeitstafel.

- ❏ Versorgen Sie die Plus- und Minusleiste der Bauteile mit Spannung.

- ❏ Kennzeichnen Sie im Schaltplan jedes neu eingebaute Stromkabel mit einem Haken.

- ❏ Testen Sie die einzelnen Strompfade.

STEUERUNGSTECHNIK — Schalter und Taster — Arbeitsblatt

✏️ Notieren Sie in der Zuordnungstabelle für alle Strompfade des obigen Schaltplans die Reaktion der Verbraucher mit „an" oder „aus".

Zuordnungstabelle

Schließer SF1	PF1	
SF1 unbetätigt		
SF1 betätigt		
Öffner SF2	PF2	
SF2 unbetätigt		
SF2 betätigt		
Wechsler SF3	PF3	PF4
SF3 unbetätigt		
SF3 betätigt		

Funktionstabelle

E	A

E	A

📖 Informieren Sie sich über Funktionstabellen.

✏️ Tragen Sie oben die Schaltlogik für den Schließer SF1 und den Öffner SF2 in die Funktionstabelle ein.

⇔ Zeigen Sie Ihr Ergebnis dem Lehrer.

_____
Unterschrift

Testen Sie Ihr Wissen

Erklären Sie den Unterschied zwischen Schalter und Taster. Zeichnen Sie die Schaltsymbole normgemäß.

_____

_____

_____

Welche Aufgabe hat ein Transformator und mit welcher Spannung wird üblicherweise im Steuerungsteil der Elektropneumatik gearbeitet?

_____

_____

Arbeitsblatt | **Schalter und Taster** | **STEUERUNGSTECHNIK**

Seite 15

Beschreiben Sie die einzelnen Schritte beim Aufbauen von Strompfad 2 des Schaltplans auf Seite 13 ausführlich.

_____
_____
_____
_____
_____
_____
_____

Nennen und beschreiben Sie Beispiele aus dem Alltag, bei denen Öffner eingesetzt werden.
Hinweis: eine Beleuchtung in der Küche oder im Auto.

_____
_____
_____
_____

Nennen Sie drei Regeln, nach denen Elektropläne aufgebaut sind.

_____
_____
_____

Es ist in der Elektropneumatik üblich, in einem Strompfad nur **einen** Verbraucher anzusteuern.
Warum werden Verbraucher nicht in Reihe (hintereinander) geschaltet?

_____
_____
_____
_____

STEUERUNGSTECHNIK — Relais — Arbeitsblatt

6 Einbauen von Relais

Relais sind die Schaltzentralen in elektrischen Steuerungen. Sie sollen ein Relais in eine Steuerung einbauen und werden dabei mit der Funktionsweise und den Anwendungsbereichen von Relais vertraut.

📖 Informieren Sie sich über die Funktionsweise, die Aufgaben und die Anschlussmöglichkeiten von Relais.

📖 Informieren Sie sich über mechanische Grenztaster.

Aufgabe

Wenn der Zylinder MM1 **aus**gefahren ist, soll die Signallampe PF1 die **vordere** Endlage anzeigen.

☝ Signallampen machen Arbeitsabläufe überschaubarer und sicherer und werden deshalb bei automatisierten Vorgängen verwendet.

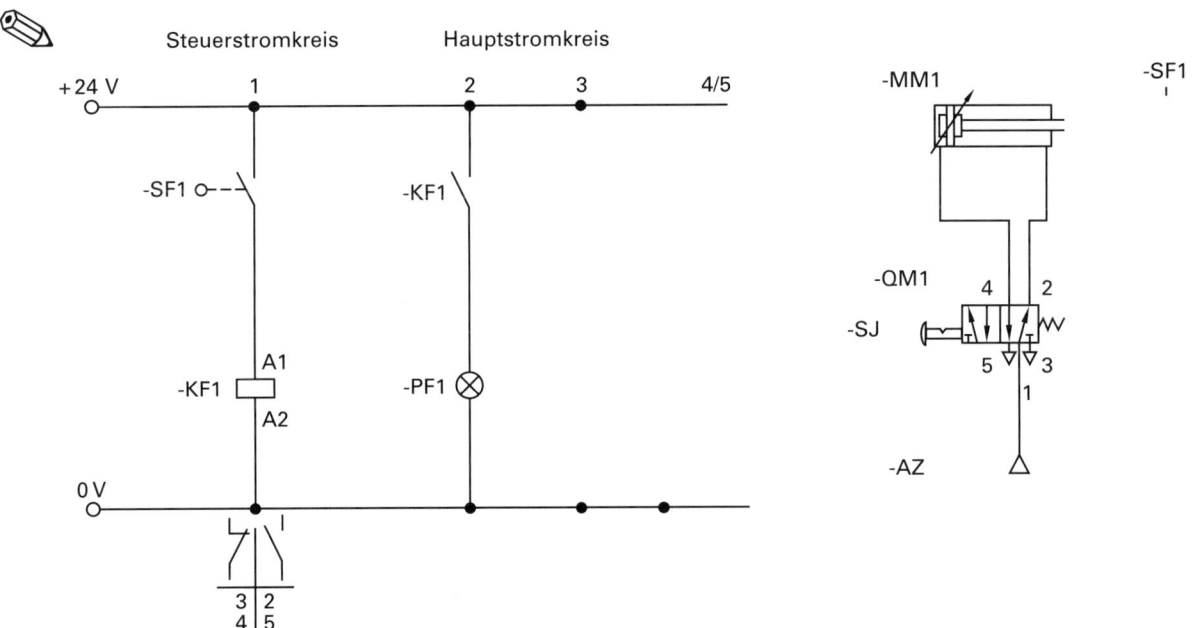

❑ Bauen Sie die Schaltung nach dem Schaltplan auf und beachten Sie die nachfolgenden Hinweise.

❑ Befestigen Sie alle Bauteile, die Sie zum Aufbauen der Steuerung benötigen, an der Arbeitstafel.

Arbeitsblatt **Relais** **STEUERUNGSTECHNIK**

❏ Bauen Sie den Steuerstromkreis auf und kontrollieren Sie die Funktion mithilfe der Kontrollleuchte am Relais.

❏ Schließen Sie den Hauptstromkreis an und kontrollieren Sie die Funktion.

❏ Zeichnen Sie in den Schaltplan auf Seite 16 zwei zusätzliche Strompfade ein. In Strompfad 3 wird eine Lampe mit einem Öffner des Relais KF1 und in Strompfad 4/5 werden 2 Lampen durch einen Wechsler des Relais KF1 betätigt.

❏ Bauen Sie den erweiterten Schaltplan auf und testen Sie die Funktion.

❏ Notieren Sie in der Zuordnungstabelle die Reaktion der Verbraucher mit „an" oder „aus".

KF1 (Schließer)	PF1	KF1 (Öffner)	PF2	KF1 (Wechsler)	PF3	PF4
KF1 unbetätigt		KF1 unbetätigt		KF1 unbetätigt		
KF1 betätigt		KF1 betätigt		KF1 betätigt		

✎ Erstellen Sie rechts die Funktionstabellen für die Schaltlogik des Schließers und des Öffners.

Schließer Öffner

⇔ Zeigen Sie Ihr Ergebnis dem Lehrer.

Unterschrift

Testen Sie Ihr Wissen

Erklären Sie die Funktionsweise eines Relais.

_____

_____

_____

_____

Nennen und erklären Sie 3 Gründe, warum Relais eingesetzt werden.

_____

_____

STEUERUNGSTECHNIK — Sensoren — Arbeitsblatt

7 Anschließen von Sensoren

Sie kennen bereits die Bedeutung von Sensoren für die Steuerung der Spannvorrichtung. Nun beschäftigen Sie sich mit der Funktionsweise einiger wichtiger Sensoren und werden diese fachgerecht anschließen und testen.

❏ Wählen Sie einen Sensor aus.

📖 Informieren Sie sich über die Funktionsweise dieses Sensors.

Aufgabe

Schließen Sie den ausgewählten Sensor nach folgendem Schaltplan an ein Relais an und testen Sie die Funktion. Dabei ist Ihnen die Kontrollleuchte am Sensor behilflich. Wenn Sie den Sensor richtig an das Relais angeschlossen haben, leuchtet bei Signaldurchgang auch am Relais eine Kontrollleuchte auf.

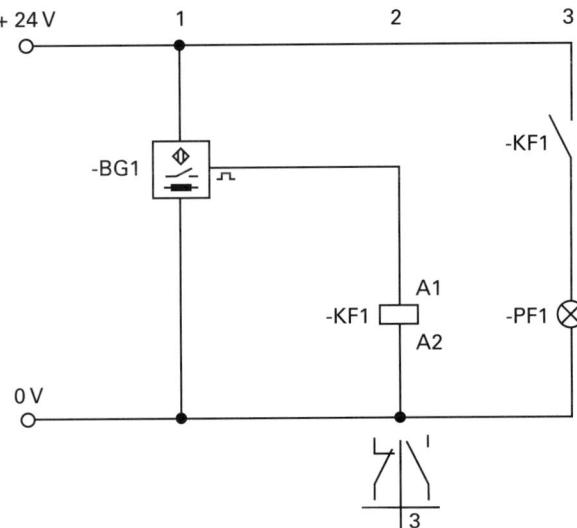

❏ Testen Sie den Sensor mit den Ansprechmedien, die Ihnen vom Lehrer zur Verfügung gestellt werden.

❏ Tragen Sie die Ergebnisse in die Tabelle auf der nächsten Seite ein. Wenn der Sensor auf ein Medium anspricht, notieren Sie dahinter den gemessenen Schaltabstand in mm, z. B. **0 bis 50**.

| Arbeitsblatt | Sensoren | **STEUERUNGSTECHNIK** |

Sensoren und Ansprechmedien

Sensoren / Ansprechmedien	Induktiver Sensor	Kapazitiver Sensor	Reedkontakt	Fotoelektrischer Sensor I (Einweg)	Fotoelektrischer Sensor II (Reflexion)
Stahl					
Aluminium					
Kupfer					
PVC 1 mm					
PVC 3 mm					
Acrylglas					
Plastikfolie					
Papier					
Holz					
Magnetfeld					

❏ Wählen Sie den nächsten Sensor aus, informieren Sie sich über die Funktionsweise und führen Sie die Tests durch. Verfahren Sie mit allen weiteren Sensoren ebenso.

Jeder Schüler soll dabei einen Sensor an ein Relais anschließen. Die Signalleuchten zeigen Ihnen die richtige Funktion an.

Nennen Sie für die oben genannten Sensoren mögliche Fehlerquellen, die deren Funktion im Arbeitsraum während des Betriebs der CNC-Maschine stören können.

Reedkontakt: _____

Induktiver Sensor: _____

Kapazitiver Sensor: _____

STEUERUNGSTECHNIK — Sensoren — Arbeitsblatt

Mechanischer Grenztaster: _____

Fotoelektrischer Sensor: _____

Wählen Sie für die Steuerungsaufgabe „Spannvorrichtung" an der CNC-Fräsmaschine geeignete Sensoren aus.
Berücksichtigen Sie, dass Ihnen nur die Sensoren an Ihrem Arbeitsplatz zur Verfügung stehen.

_____
_____
_____

⇔ Wenn Sie alle Sensoren getestet haben, besprechen Sie Ihre Lösung mit dem Lehrer.

_____
Unterschrift

Testen Sie Ihr Wissen

Beschreiben Sie die Funktionsweise eines Reedkontakts.

_____
_____
_____

Beschreiben Sie, wie ein Sensor fachgerecht angeschlossen wird.

_____
_____
_____
_____
_____

Warum werden Sensoren immer zuerst an ein Relais angeschlossen und nicht direkt an einen Verbraucher?

_____
_____
_____

8 Anschließen eines Magnetventils

Das Magnetventil ist bei einer elektropneumatischen Steuerung die Schnittstelle zwischen Elektrik und Pneumatik. Sie werden dieses Bauteil anschließen und lernen dabei die Funktionsweise kennen.

📖 Informieren Sie sich über elektromagnetisch betätigte Wegeventile.

Aufgabe

Ein doppelt wirkender Zylinder MM1 soll ausfahren, wenn der Starttaster SF1 betätigt wird. Der Zylinder soll einfahren, wenn der Taster SF2 betätigt wird.

Zeichnen Sie einen normgerechten elektrischen und pneumatischen Schaltplan. Übernehmen Sie die Bezeichnung des Wegeventils an Ihrem Arbeitsplatz in den Schaltplan.

☝ Die Taster SF1 und SF2 sollen an Relais angeschlossen werden. Die Relaiskontakte schalten dann die Elektromagnete des Wegeventils.

✏ Elektroplan  Pneumatikplan

❏ Befestigen Sie alle notwendigen Bauteile übersichtlich an der Arbeitstafel und kennzeichnen Sie diese mit Klebeetiketten normgerecht.

❏ Schließen Sie zuerst nur den Pneumatikteil an und versorgen Sie diesen mit Druckluft. Achten Sie darauf, dass alle Druckluftschläuche entsprechend dem Schaltzeichen an das Wegeventil angeschlossen sind.

STEUERUNGSTECHNIK — Magnetventil — Arbeitsblatt

❏ Testen Sie den Pneumatikteil Ihrer Steuerung. Es gibt zwei Möglichkeiten:

- die Handhilfsbetätigung des Magnetventils
- die Versorgung der Magnetspule mit Spannung direkt von einer Stromquelle 24 V

❏ Sperren Sie die Druckluftzufuhr und schalten Sie den Transformator aus.

❏ Bauen Sie den elektrischen Teil der Steuerung auf.

❏ Testen Sie die gesamte Schaltung.

✎ Zeichnen Sie im Informationsblatt die Wege der Druckluft durch das Wegeventil bei der momentanen Schaltstellung mit Farbe ein.

⇔ Besprechen Sie das Ergebnis mit dem Lehrer.

_____
Unterschrift

Testen Sie Ihr Wissen

Beschreiben Sie das Prinzip der Vorsteuerung anhand der schematischen Darstellung eines Magnetventils in den Informationsblättern.

_____
_____
_____
_____
_____
_____

Beschreiben Sie das von Ihnen in die Schaltung eingebaute Wegeventil einschließlich der Betätigungsart, den Anschlüssen und der Schaltstellung.

_____
_____
_____
_____

Arbeitsblatt — Signalverknüpfung — STEUERUNGSTECHNIK

9 Signale logisch verknüpfen

Damit der Zylinder 1MM1 der Spannvorrichtung ausfahren kann, müssen mehrere Eingangssignale „logisch verknüpft" werden. Sie lernen 2 Arten von Verknüpfungen kennen und werden diese in eine Steuerung einbauen.

 Informieren Sie sich über Signalverknüpfungen in der Elektrotechnik.

Aufgabe

Der doppelt wirkende Zylinder 1MM1 soll nur dann ausfahren, wenn sichergestellt ist, dass er eingefahren ist **und** der Schalter SF1 betätigt wird.
Der Zylinder 1MM1 soll wieder einfahren, wenn der Taster SF2 **oder** der Taster SF3 betätigt wird.

Zeichnen Sie einen **normgerechten** elektrischen Schaltplan für die Aufgabe. Eine kleine Hilfestellung kann Ihnen der Schaltplan auf Seite 21 bieten.

 Die Signalglieder müssen zuerst an Relais angeschlossen werden. Die Relaiskontakte schalten dann die Elektromagnete des Wegeventils.

Elektroplan   Pneumatikplan

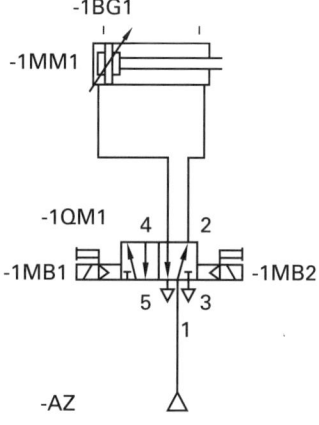

⇔ Besprechen Sie das Ergebnis mit dem Lehrer.

❏ Bauen Sie die Schaltung auf und testen Sie diese.

Unterschrift

STEUERUNGSTECHNIK — Signalverknüpfung — Arbeitsblatt

Testen Sie Ihr Wissen

Einige der unten abgebildeten Symbole und Kurzzeichen kennen Sie bereits. Tragen Sie die vollständigen Bezeichnungen hinter dem jeweiligen Zeichen ein.

📖 Klären Sie die unbekannten Symbole mithilfe Ihrer Unterlagen.

Symbol	Bezeichnung	Symbol	Bezeichnung
-SF1	Taster SF1 als Schließer	KF2 (A1/A2)	
SF2		QM1	
KF3		1BG2	
SF4		SF5	
BG1		PF2	
KF1		+24 V	

📖 Klären Sie die unbekannten Kurzzeichen mithilfe Ihrer Unterlagen.

PF		BG	
KF		MB	
SF		QM	

⇔ Besprechen Sie die Lösung mit dem Lehrer.

_____
Unterschrift

Arbeitsblatt Schritte 1 und 2 **STEUERUNGSTECHNIK** Seite 25

10 Aufbauen der Schritte 1 und 2 der Steuerung

Sie sind mit den wichtigsten elektrischen Bauteilen und deren Funktionsweise vertraut. Schritt für Schritt werden Sie nun die Steuerung der Spannvorrichtung nach den Vorgaben des GRAFCET entwickeln und aufbauen.

❏ Beschreiben Sie kurz die Schritte 1 und 2 der Steuerung der Spannvorrichtung mit allen Bedingungen. Als Grundlage dient der GRAFCET.

_____

_____

_____

_____

❏ Wählen Sie alle notwendigen Bauteile für die Schritte 1 und 2 der Steuerung aus. Notieren Sie diese unten mit der **normgerechten Bezeichnung**.

Arbeitsglieder: _____

_____

Stellglieder: _____

_____

Steuerglieder: _____

Signalglieder: _____

_____

sonstige Bauteile: _____

_____

_____

⇔ Besprechen Sie Ihr Ergebnis mit dem Lehrer.

_____
Unterschrift

STEUERUNGSTECHNIK — Schritte 1 und 2 — Arbeitsblatt

❑ Holen Sie sich vom Lehrer einen Schaltplan für die Gruppenlösung und zeichnen Sie alle für die Schritte 1 und 2 des Funktionsplans notwendigen Signalglieder zwischen die beiden oberen Polleisten des Schaltplans ein.

❑ Befestigen Sie alle ausgewählten Bauteile in übersichtlicher Anordnung an der Arbeitstafel und kennzeichnen diese mit der genormten Bezeichnung.

❑ Verwirklichen Sie den Schaltplan für die Signalglieder an der Arbeitstafel.

❑ Überprüfen Sie schrittweise die Funktion der Sensoren. **Bewegen Sie die Kolbenstange des Zylinders von Hand (ohne Druckluftunterstützung)**. Die Kontrollleuchten an den Relais zeigen Ihnen an, ob Sie die Steuerung richtig aufgebaut haben.

✎ Zeichnen Sie im Schaltplan „Gruppenlösung" die Strompfade 13 und 15 mit den notwendigen Bedingungen **für Schritt 1** des Funktionsplans ein.

☞ Die Signalverknüpfungen in Strompfad 13 werden in einem Relais KF7 zusammengefasst, um später alle Startbedingungen von nur einem Relais aus abrufen zu können. Strompfad 14 wird erst später benötigt.

❑ Bauen Sie die Schaltung für Schritt 1 an der Arbeitstafel auf und kontrollieren Sie nur mithilfe der Signalleuchten die Funktionsfähigkeit der Steuerung. Bewegen Sie die Kolbenstange des Zylinders weiterhin nur von Hand.

❑ Versorgen Sie die Steuerung mit Druckluft und testen Sie diese.

⇔ Besprechen Sie Ihr Ergebnis mit dem Lehrer.

_____
Unterschrift

✎ Zeichnen Sie im Schaltplan „Gruppenlösung" im Strompfad 16 die notwendigen Bedingungen **für Schritt 2** des Funktionsplans ein.

❑ Bauen Sie die Schaltung für Schritt 2 an der Arbeitstafel auf und kontrollieren Sie die Funktionsweise.

Testen Sie Ihr Wissen

Nennen Sie zwei Bezeichnungen für die Anordnung der elektrischen Bauteile in Strompfad 13.

_____

_____

| Arbeitsblatt | Schritt 4 | **STEUERUNGSTECHNIK** | Seite 27 |

11 Aufbauen von Schritt 4 der Steuerung

> Wir überspringen den Schritt 3 des Steuerungsablaufs, da die Ansteuerung der CNC-Fräsmaschine nicht im Projekt vorgesehen ist. Sie sollen nun die Einfahrbedingung für den Spannzylinder planen und in die Steuerung einbauen.

❏ Beschreiben Sie den Schritt 4 des Funktionsplans mit allen Bedingungen.

_____

_____

_____

✎ Zeichnen Sie im Schaltplan „Gruppenlösung" die notwendigen Signalglieder ein. Tragen Sie in die Strompfade 17 und 19 die Bedingungen für Schritt 4 des Funktionsplans ein.

☞ Strompfad 18 wird erst später benötigt.

❏ Bauen Sie die Steuerung auf und überprüfen Sie diese.

Sie werden feststellen, dass die Steuerung anders reagiert als Sie erwarten. Beschreiben Sie die Reaktion der Steuerung.

_____

_____

_____

☞ Diese Reaktion wird verursacht durch eine **Signalüberschneidung**. Zwei entgegenstehende Signale blockieren den weiteren Steuerungsablauf.

❏ Sperren Sie die Druckluftzufuhr und verfahren Sie die Kolbenstangen von Hand.

👓 Beobachten Sie genau alle Kontrollleuchten.

Woran erkennen Sie optisch die Signalüberschneidung?

_____

_____

STEUERUNGSTECHNIK — Schritt 4 — Arbeitsblatt

☝ Bei einer Signalüberschneidung muss **ein** Signal gelöscht werden.
Dazu sind 3 Überlegungen notwendig:

- Was sind die Ursachen der Signalüberschneidung?
- Welches Signal (welcher Strompfad) soll vorübergehend gelöscht (unterbrochen) werden?
- Mit welchem Bauteil kann man das Signal löschen?

Beschreiben Sie die Ursachen der Signalüberschneidung.

_____

_____

_____

In welchem Strompfad muss das Signal vorübergehend gelöscht werden?

_____

Durch welches Bauteil wird das Signal gelöscht (genaue Bezeichnung)?

_____

✎ Zeichnen Sie Ihre Lösung in den Gruppenschaltplan ein und ergänzen und testen Sie die Steuerung.

☝ Sie werden feststellen, dass die Steuerung anders reagiert als Sie erwarten.

Beschreiben Sie die Reaktion der Steuerung.

_____

_____

👓 Beobachten Sie nochmals genau **die betreffenden** Kontrollleuchten.

Beschreiben Sie, warum die Steuerung so reagiert.

_____

_____

_____

 Ein Signal kann gespeichert werden durch eine „**Selbsthalteschaltung**".

| Arbeitsblatt | Schritt 4 | **STEUERUNGSTECHNIK** | Seite 29 |

📖 Informieren Sie sich über Selbsthalteschaltungen.

✏️ Zeichnen Sie die Selbsthaltung in Ihren Gruppenschaltplan ein.

❑ Bauen Sie die Selbsthalteschaltung in die Steuerung ein und testen Sie die Funktion.

❑ Testen Sie die Schritte 1 bis 4 der Steuerung der Spannvorrichtung noch einmal vollständig.

❑ Notieren Sie Ihre Beobachtung.

_____

Begründen Sie diese Reaktion.

_____

Mit welchem Bauteil kann die Selbsthalteschaltung gelöscht werden?

_____

✏️ Ergänzen Sie den Gruppenschaltplan.

❑ Bauen Sie den Öffner zum Löschen der Selbsthalteschaltung in Ihre Steuerung ein und testen Sie diese.

⇔ Besprechen Sie Ihre Lösung mit dem Lehrer.

_____
Unterschrift

✏️ Übertragen Sie die Gruppenlösung in Ihr Lernheft.

Testen Sie Ihr Wissen

Beschreiben Sie das Funktionsprinzip einer Selbsthalteschaltung.

_____

_____

_____

Welche Aufgabe hat eine Selbsthalteschaltung?

_____

_____

STEUERUNGSTECHNIK — Schritt 4 — Arbeitsblatt

Um welche Signalverknüpfung handelt es sich bei einer Selbsthaltung?

_____

Nach dem Loslassen des Tasters SF2 ist der Zylinder 2MM1 gleich wieder ausgefahren. Beschreiben Sie die Ursache.

_____
_____
_____
_____

Welche Aufgabe hat das Relais KF8 in der Schaltung?

_____
_____
_____

Beschreiben Sie die Überlegungen, um eine Signalüberschneidung aufzuheben.

_____
_____
_____
_____

Überlegen Sie die Wirkung des unterschiedlichen Einbaus von Öffner SF2 bei den beiden Selbsthalteschaltungen. In der Fachsprache unterscheidet man „dominierend aus" und „dominierend ein".

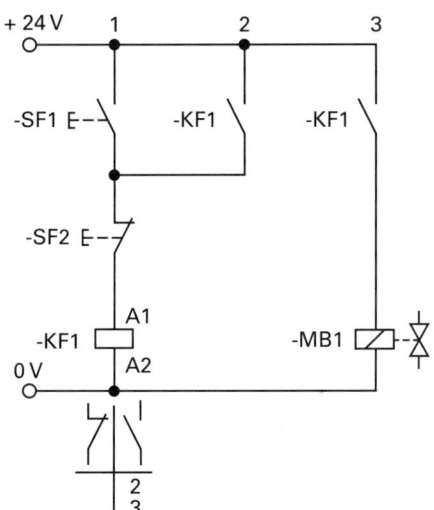 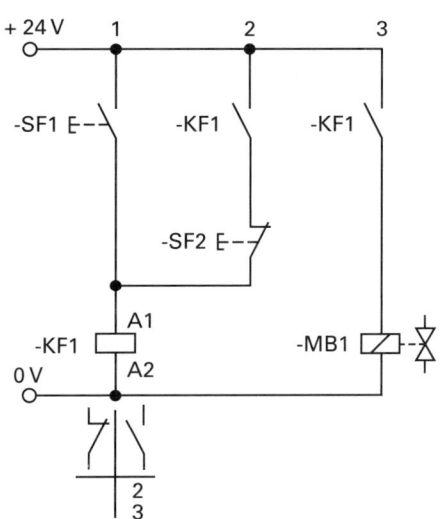

| Arbeitsblatt | Schritt 5 | **STEUERUNGSTECHNIK** | Seite 31 |

12 Aufbauen von Schritt 5 der Steuerung

> Sie haben sich bereits Grundkenntnisse über elektropneumatische Steuerungen angeeignet und sind nun in der Lage, die Steuerung der Spannvorrichtung weitgehend selbstständig fertig zu stellen.

❏ Kontrollieren Sie noch einmal die Funktion der Schritte 1, 2 und 4 der Steuerung der Spannvorrichtung.

❏ Planen Sie Schritt 5 des Funktionsplans, zeichnen Sie die Lösung in den Gruppenschaltplan ein und bauen Sie Ihre Lösung an der Arbeitstafel auf.

❏ Kontrollieren Sie die Funktion der Steuerung und beseitigen Sie evtl. auftretende Fehler.

⇔ Besprechen Sie Ihre Lösung mit dem Lehrer.

_____
Unterschrift

✎ Ergänzen Sie den Schaltplan in Ihrem Lernheft.

Testen Sie Ihr Wissen

Mithilfe der nachfolgenden Fragen sollen Sie angehalten werden, die aufgebaute Steuerung noch einmal zu durchdenken. Die Antworten sind genau auf das Steuerungsproblem „Spannvorrichtung" zu beziehen.

Beschreiben Sie den Strompfad 20. Es sollen die Eingangssignale und deren Wirkung deutlich werden.

_____

_____

_____

Welche Aufgabe hat der Schließer des Relais KF7 in Strompfad 14?

_____

_____

_____

Welche Aufgabe hat der Öffner des Relais KF4 in Strompfad 13?

_____

_____

STEUERUNGSTECHNIK — Schritt 5 — Arbeitsblatt

Die folgenden Probleme traten während der Planung der Steuerung auf. Beschreiben Sie die steuerungstechnischen Ursachen und deren Beseitigung.

Problem: Bei Betätigung des Tasters SF2 fährt Zylinder 2MM1 nicht ein.

Ursache: _____

_____

Beseitigung: _____

_____

Problem: Nach Einbau der Selbsthaltung in Strompfad 18 fährt der Zylinder 2MM1 nicht mehr aus.

Ursache: _____

_____

Beseitigung: _____

_____

Bei genauer Planung sind evtl. die beiden folgenden Probleme nicht aufgetreten.

Problem: Bei Betätigung des Tasters SF1 fährt Zylinder 1MM1 nicht aus.

Ursache: _____

_____

Beseitigung: _____

_____

Problem: Bei Betätigung des Tasters SF1 führt Zylinder 1MM1 eine oszillierende (hin- und hergehende) Bewegung aus.

Ursache: _____

_____

Beseitigung: _____

_____

Arbeitsblatt Schaltplan STEUERUNGSTECHNIK

13 Elektropneumatischer Schaltplan

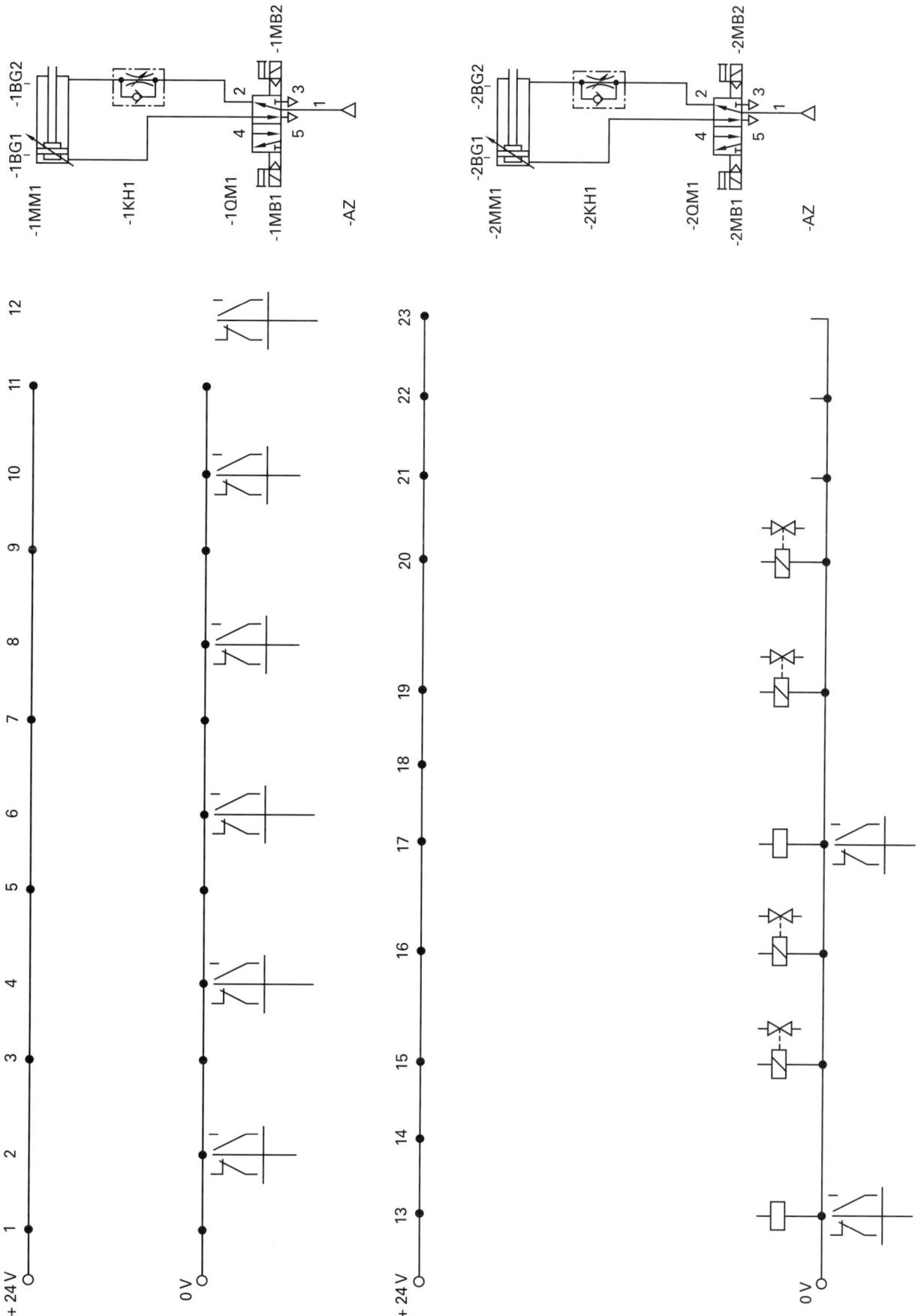

STEUERUNGSTECHNIK — Fehlersuche — Arbeitsblatt

14 Beseitigen von Fehlern

Bei Steuerungen lassen sich Fehlfunktionen einzelner Bauteile nie ausschließen. Jeder Stillstand einer Produktionsanlage kostet viel Geld und muss schnell behoben werden.
Aus diesem Grund lernen Sie Strategien zur effektiven Beseitigung von Fehlern kennen. Die Anwendung dieser Strategien ist Grundlage für ein effizientes betriebliches Qualitätsmanagement.

Informieren Sie sich über die planmäßige Vorgehensweise bei der Fehlersuche.

Aufgabe

Beschäftigen Sie sich mit dem folgenden Fehler, der während des Betriebs an der Spannvorrichtung aufgetreten ist.

Wenn Zylinder 1MM1 ausgefahren ist, fährt Zylinder 2MM1 nicht aus.

❑ Erstellen Sie eine Ishikawa-Analyse **nur für den Pneumatikteil**.

Fehlersuche für den Pneumatikteil:

Besprechen Sie Ihre Lösung mit dem Lehrer.

Unterschrift

| Arbeitsblatt | Fehlersuche | **STEUERUNGSTECHNIK** | Seite 35 |

☞ Alle Strategien der Fehlersuche zeigen nur dann schnellen Erfolg, wenn es gelingt, die Fehlerursache gezielt einzugrenzen und somit unnötige Suche zu vermeiden. Vor allem beim Elektroplan wird dies deutlich. Jeder Strompfad, der nicht an dem Fehler beteiligt sein kann, muss bei der Suche ausgespart werden.

Aufgabe

❑ Erarbeiten Sie für die oben beschriebene Fehlfunktion einen Fehlersuchplan **nur für den Elektroteil**.

Wenn Zylinder 1MM1 ausgefahren ist, fährt Zylinder 2MM1 nicht aus.

Die beiden nächsten Absätze werden Ihnen dabei eine Hilfestellung bieten.

❑ Notieren Sie die Nummern aller Strompfade, die als Fehlerursache infrage kommen können. Kennzeichnen Sie den Strompfad, den Sie zuerst prüfen würden.

_____

❑ Notieren Sie für die oben genannten Strompfade alle Bauteile, die defekt sein könnten.

_____
_____
_____

Allgemeiner Fehlersuchplan für den Elektroteil (alle mögl. Fehler):

_____
_____
_____
_____
_____
_____
_____
_____

STEUERUNGSTECHNIK — Fehlersuche — Arbeitsblatt

❑ Lassen Sie sich nun vom Lehrer eine Steuerung zeigen, in der genau dieser analysierte Fehler auftritt und beheben Sie diesen.

❑ Tauschen Sie evtl. defekte gegen funktionierende Bauteile beim Lehrer ein.

❑ Wenn Probleme auftreten, müssen Sie evtl. Ihre Fehlersuchstrategien neu überdenken und ändern.

⇔ Besprechen Sie Ihre Lösung mit dem Lehrer.

_____
Unterschrift

Für alle Aufgaben zur Fehlersuche gilt prinzipiell:

Beobachten Sie genau den Ablauf der Steuerung.

❑ Wenden Sie immer die erlernten Strategien an und notieren Sie Ihre Überlegungen auf einem eigenen Blatt.

❑ Erst nach schriftlichen Vorüberlegungen soll der Fehler gesucht und behoben werden. Nur so erkennen Sie die Richtigkeit Ihrer Vorgehensweise.

Beachten Sie die nachfolgenden Hinweise.

- Für die Fehlersuche steht Ihnen ein elektrisches Prüfgerät zur Verfügung.
- Alle Strompfade sind richtig gesteckt. Wenn Sie einen Steckanschluss zum Prüfen abziehen, platzieren Sie ihn bitte wieder an der richtigen Stelle, da sonst Ihre Arbeit unnötig erschwert wird.

Notieren Sie einige der gefundenen Fehler.

_____

_____

_____

_____

_____

⇔ Besprechen Sie Ihre Lösung mit dem Lehrer.

_____
Unterschrift

| Arbeitsblatt | Optimieren | **STEUERUNGSTECHNIK** |

15 Optimieren der Steuerung

Bei der Steuerung der Spannvorrichtung wurden bereits Sicherheitsbedingungen eingebaut, z. B. „Spanschutztür ist geschlossen". Jetzt können Sie Ihre eigenen Erfahrungen oder Ideen einbringen, um die Bedienerfreundlichkeit und die Betriebssicherheit der Spannvorrichtung weiter zu erhöhen.

❏ Planen Sie Zusatzbedingungen in Ihre Steuerung ein, um eine bedienerfreundliche und sichere Nutzung der Spannvorrichtung während des gesamten Fertigungsablaufes zu gewährleisten.

☞ Nachfolgend möchten wir Ihnen einige Tipps geben, wie Sie dabei vorgehen könnten.

Notieren Sie alle Tätigkeiten, die der Bediener der Spannvorrichtung und der CNC-Fräsmaschine durchzuführen hat, um die Grundlage für mehr Bedienerfreundlichkeit zu schaffen.

_____

_____

_____

Notieren Sie alle Gefahrenquellen bzw. Gefahrensituationen, die bei einem unvorsichtigen Bediener der Spannvorrichtung und der CNC-Fräsmaschine Verletzungen verursachen könnten.

_____

_____

_____

❏ Entscheiden Sie, welche 3 Zusatzbedingungen Sie zur Optimierung auswählen und zeichnen Sie Ihre Problemlösungen in die Strompfade 21–23 des Gruppenschaltplans ein. Der Bediener soll durch optische Signale gewarnt werden.

❏ Verwirklichen Sie Ihre Lösungsvorschläge an der Steuerung.

⟺ Besprechen Sie die Lösung mit dem Lehrer.

_____
Unterschrift

✎ Übertragen Sie den Gruppenschaltplan in Ihr Lernheft.

| Seite 38 | **STEUERUNGSTECHNIK** | Optimieren | Arbeitsblatt |

Zusatzaufgaben:

Wenn der Zylinder 1MM1 das Werkstück fixiert, soll der Zylinder 2MM1 erst ausfahren, wenn sich ein Druck von 6 bar aufgebaut hat. Bauen Sie einen Drucksensor in die Steuerung ein.

Der Schritt 5 des Steuerungsablaufs soll erst eingeleitet werden, nachdem sich der Zylinder 2MM1 5 Sekunden in der hinteren Endlage befindet. Bauen Sie ein Zeitglied in die Steuerung ein.

Bei allen automatisch ablaufenden Steuerungen wird eine Not-Aus-Schaltung eingebaut.

📖 Informieren Sie sich über die NOT-AUS-Schaltung.

Überlegen und notieren Sie die Notwendigkeit einer NOT-AUS-Schaltung für die Steuerung der Spannvorrichtung.

✎
_____
_____
_____
_____

❏ Planen Sie den NOT-AUS für Ihre Steuerung der Spannvorrichtung und verwirklichen Sie diese an der Arbeitstafel.

⇔ Besprechen Sie Ihr Ergebnis mit dem Lehrer.

_____
Unterschrift

Testen Sie Ihr Wissen

Sie haben die Aufgabe, eine NOT-AUS-Schaltung in die Steuerung der Spannvorrichtung einzuplanen. Welche Bewegungen müssen die beiden Zylinder bei der Betätigung des NOT-AUS-Schalters ausführen?

bei der Bearbeitung: _____

beim Spannvorgang: _____

16 Erweiterte GRAFCET-Darstellung

GRAFCET kann in unterschiedlichen Variationen dargestellt werden. Hier sollen Sie eine umfassendere Version für die gleiche Steuerung entwickeln. In dieser Darstellung werden die Magnetspulen der Stellglieder berücksichtigt.

Informieren Sie sich über erweiterte GRAFCET-Darstellungen.

❑ Erstellen Sie GRAFCET für den Steuerungsablauf über die Magnetspulen. Nehmen Sie auch die Abschaltung der Signale mit auf. **Hinweis:** Die vorhandenen Aktionsfelder reichen für die vollständige Darstellung nicht aus!

Funktionsablauf für die Spannvorrichtung als GRAFCET

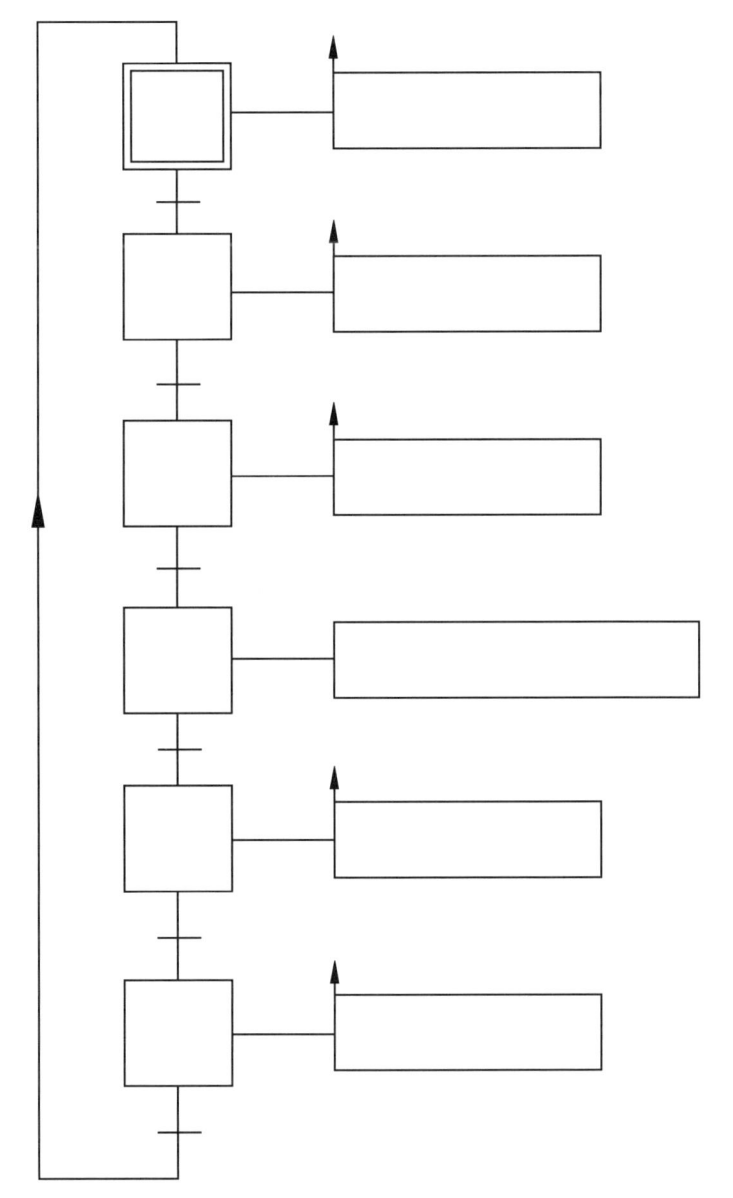

⇔ Besprechen Sie die Lösung mit dem Lehrer.

Unterschrift

STEUERUNGSTECHNIK — Taktkettensteuerung — Arbeitsblatt

17 Aufbauen der Steuerung als Taktkette

> Die bisher aufgebaute Steuerung der Spannvorrichtung genügt noch nicht den aktuellen steuerungstechnischen Anforderungen. Eine Weiterentwicklung ist die Taktkettensteuerung.

📖 Informieren Sie sich über die Taktkettensteuerung.

❑ Erklären Sie das Funktionsprinzip einer Taktkette.

_____

_____

_____

_____

⇔ Besprechen Sie die Lösung mit dem Lehrer.

_____
Unterschrift

Auf der nächsten Seite finden Sie den unvollständigen Schaltplan der Steuerung der Spannvorrichtung. Schritt 1 des GRAFCET wurde bereits eingezeichnet.

☝ Auf die Signalglieder BG3 und BG4 wird hier verzichtet, um die Schaltung zu vereinfachen.

❑ Planen Sie die restlichen Schritte der Steuerung und zeichnen Sie diese in den Schaltplan ein.

❑ Bauen Sie die Steuerung an der Arbeitstafel auf.

⇔ Stellen Sie dem Lehrer Ihre Lösung vor.

_____
Unterschrift

Testen Sie Ihr Wissen

Worin liegt der Vorteil einer Taktkettensteuerung?

_____

Welche Aufgabe hat der letzte Strompfad der Taktkette auf Seite 62?

_____

Arbeitsblatt | Taktkettensteuerung | **STEUERUNGSTECHNIK**

18 Schaltplan der Taktkettensteuerung

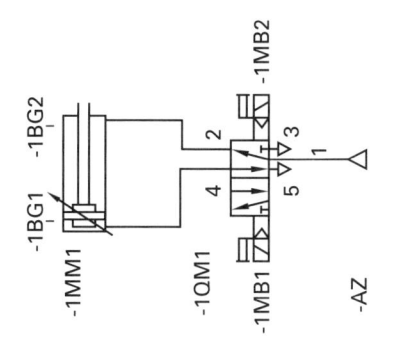

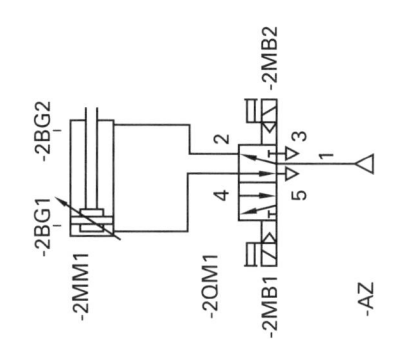

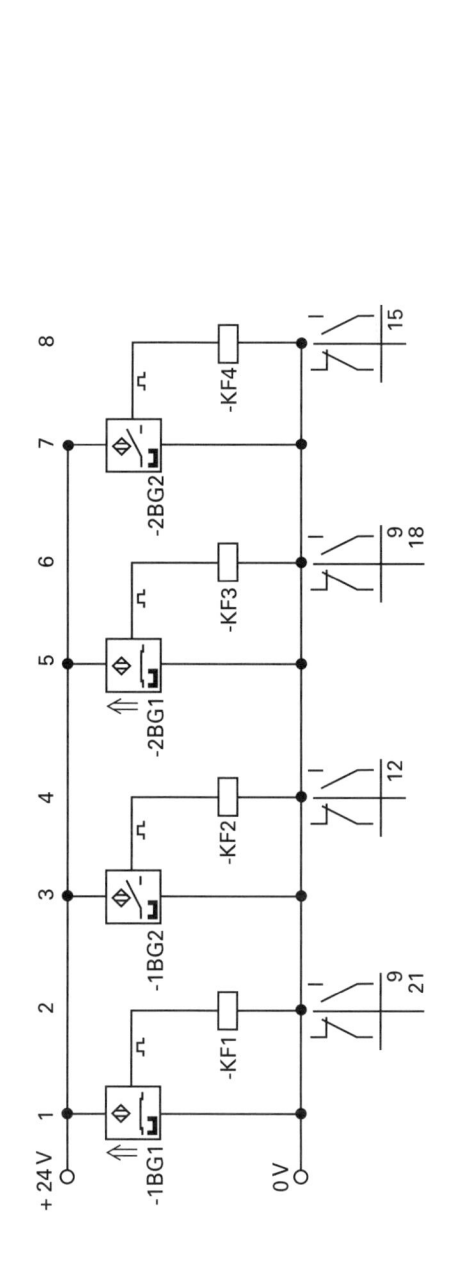

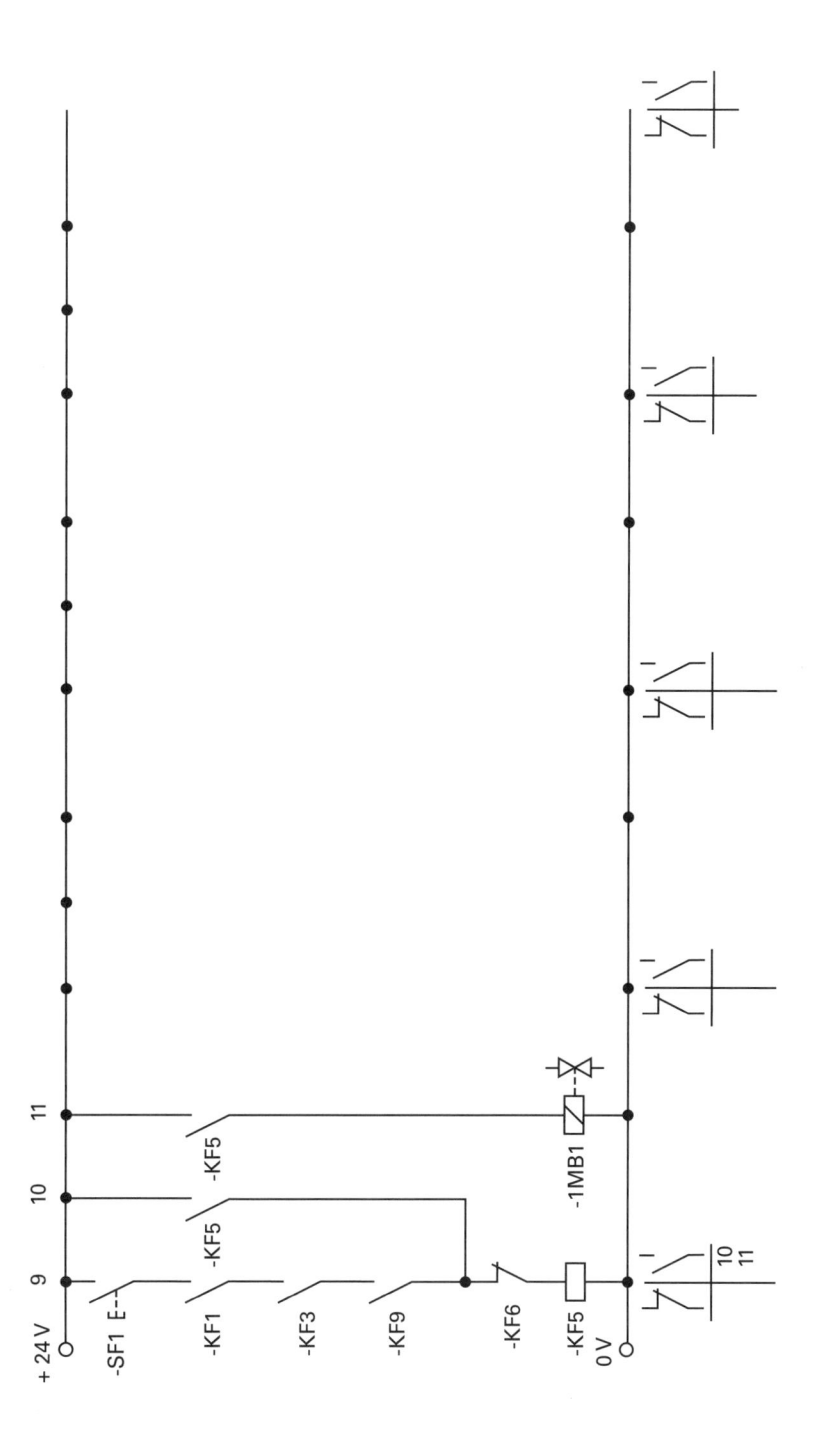

STEUERUNGSTECHNIK

Informationsblätter

| Informationsblatt | GRAFCET I | STEUERUNGSTECHNIK |

1 Funktionsdarstellung als GRAFCET

Um eine Steuerungsaufgabe lösen zu können, ist es notwendig, diese **eindeutig** und **übersichtlich** in einem Funktionsplan darzustellen. Dabei wird nicht immer die technische Ausführung der Steuerung berücksichtigt. Diese kann später pneumatisch, elektrisch oder in einer anderen Steuerungsart ausgeführt werden.
Die aktuell gültige Darstellungsform ist der GRAFCET. Der Begriff stammt aus dem Französischen und bedeutet „Darstellung der Steuerfunktion mit Schritten und Weiterschaltungsbedingungen". GRAFCET ist europaweit gültig und in der Norm DIN EN 60848 festgelegt.

1.1 Grafische Beschreibung der Schritte

Anfangsschritt

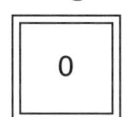

Der Anfangsschritt 0 gibt die Grundstellung der Steuerungsanlage an, in dem die Maschine nach dem Einschalten steht. Nach einem Durchlauf der Steuerung müssen sich alle Bauteile wieder in ihrer Ausgangsstellung befinden.

Schritt allgemein

Die einzelnen Schritte einer Steuerung werden fortlaufend mit Ziffern bezeichnet.

Transition und Transitionsbedingung

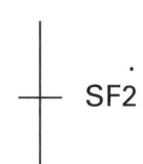

Zwischen zwei Schritten kennzeichnet ein waagrechter Strich (Transition) die Einleitung neuer Signale. Daneben werden die Bedingungen für den Übergang zum Start des nächsten Schrittes angegeben (Transitionsbedingung bzw. Übergangsbedingung oder Weiterschaltbedingung).
Hier leitet der Taster SF2 den nächsten Schritt im Steuerungsablauf ein.

Wirkverbindung

Trägt die Wirkverbindung keinen Pfeil, dann ist der Ablauf automatisch von oben nach unten.

Der Pfeil dieser Wirkverbindung zeigt den Ablauf von unten nach oben an.

1.2 Beschreibung der Transitionsbedingungen

Bei jedem Schritt einer Steuerung werden Signale benötigt, die den weiteren Ablauf der Steuerung gestalten. Zum besseren Verständnis können diese Transitionsbedingungen mit Kommentaren versehen werden, die in „Anführungszeichen" gesetzt werden müssen. Dies gilt auch für die Aktionen.

Beispiel

Zylinder 1MM1 fährt nur dann aus, wenn der Sensor 1BG1 meldet, dass der Zylinder 1MM1 eingefahren ist und der Taster SF1 betätigt wird. Als Stellglied dient ein impulsgesteuertes 5/2-Wegeventil.

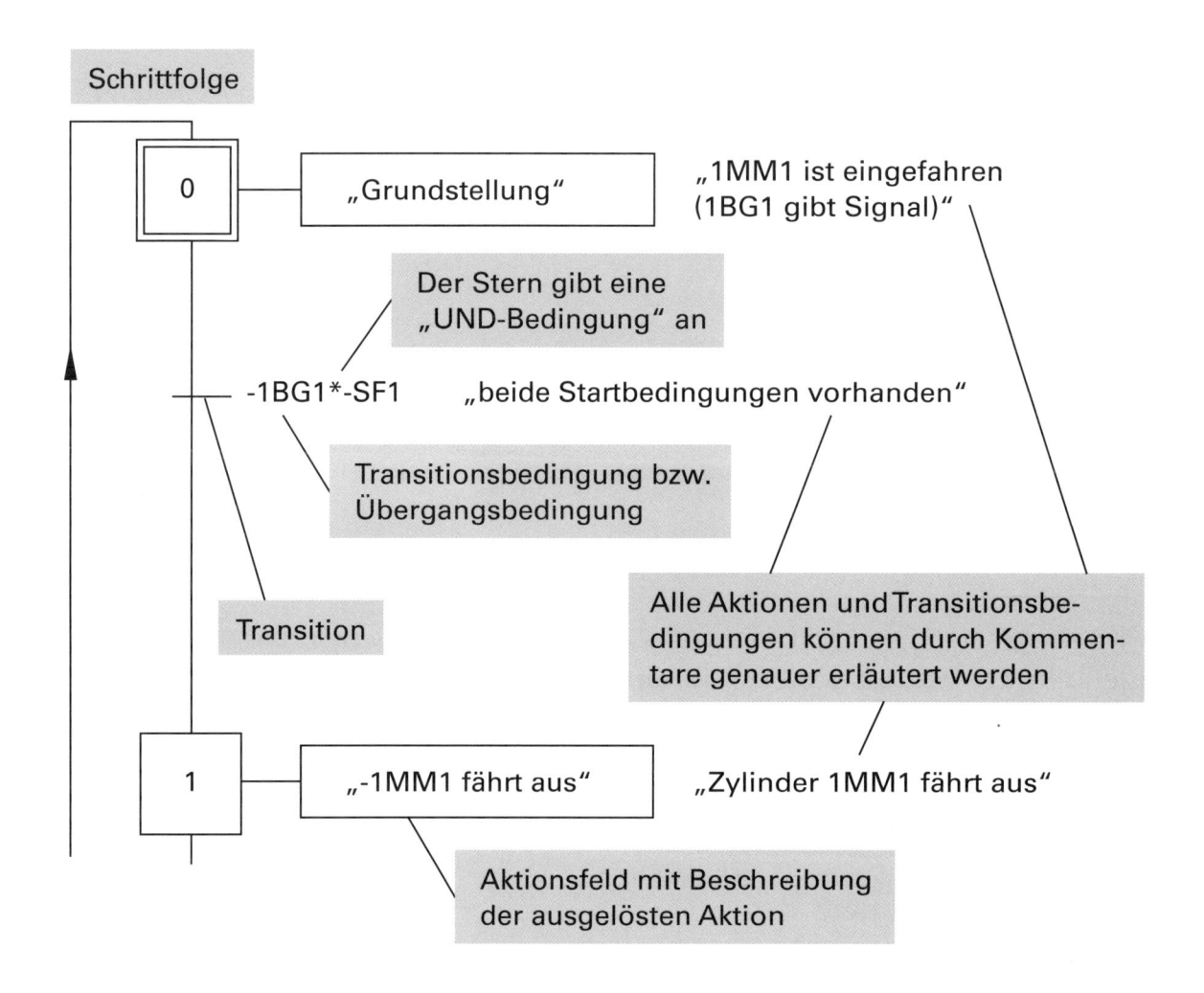

Schrittfolge

0 — „Grundstellung"   „1MM1 ist eingefahren (1BG1 gibt Signal)"

Der Stern gibt eine „UND-Bedingung" an

-1BG1*-SF1   „beide Startbedingungen vorhanden"

Transitionsbedingung bzw. Übergangsbedingung

Transition

Alle Aktionen und Transitionsbedingungen können durch Kommentare genauer erläutert werden

1 — „-1MM1 fährt aus"   „Zylinder 1MM1 fährt aus"

Aktionsfeld mit Beschreibung der ausgelösten Aktion

Informationsblatt **Funktionsdiagramm** STEUERUNGSTECHNIK
Seite 45

2 Das Funktionsdiagramm

Das Funktionsdiagramm beschreibt grafisch den Steuerungsablauf von Arbeitsgliedern und Stellgliedern und deren gegenseitige Abhängigkeit. Als Beispiel wird das Weg-Schritt-Diagramm gezeigt.

Beispiel

Zylinder 1MM1 fährt nur dann aus, wenn der Sensor 1BG1 meldet, dass der Zylinder 1MM1 eingefahren ist und der Taster SF1 betätigt wird.
Wenn der Zylinder 1MM1 ausgefahren ist, wird der Sensor 1BG2 betätigt und Zylinder 1MM1 fährt ein.

Bauglieder			Schritt				
				0	1	2	3
Bezeichnung	Nr.	Lage	-1BG1 -SF1				
Startbedingungen			● ○				
doppelt wirkender Zylinder	-1MM1	1 / 0				-1BG2	
5/2-Wegeventil	-1QM1	1 / 0					

In der senkrechten Koordinatenachse (Spalte) wird die Lage der Bauglieder dargestellt. In der waagerechten Koordinatenachse (Zeile) werden die einzelnen Arbeitsschritte in ihrer zeitlichen Abhängigkeit gezeigt (vgl. GRAFCET).

Für die Angabe der Lage werden folgende Bezeichnungen verwendet:

0 Zylinder eingefahren bzw. Wegeventil ist unbetätigt
1 Zylinder ausgefahren bzw. Wegeventil ist betätigt

Sind Bauglieder „in Ruhe", wird der Zustand mit **dünnen Volllinien** gekennzeichnet. Sind Bauglieder „aktiv", wird ihr Bewegungsablauf mit **breiten Volllinien** gekennzeichnet.

Die gegenseitige Abhängigkeit der Bauglieder (Zylinder, Wegeventile und Signalglieder) wird im Weg-Schritt-Diagramm durch **Signallinien mit Pfeilen** dargestellt. Signalglieder werden mit ihren Kurzzeichen (z. B. -SF1) eingetragen.

3 Darstellung elektrischer Steuerungen

Die Steuerung der Spannvorrichtung ist elektropneumatisch ausgeführt. Vorausgesetzt werden deshalb Grundkenntnisse der Elektrotechnik.

Elektrische Steuerungen werden in Form von **Stromlaufplänen** (Elektroplänen) dargestellt. Wie in der Pneumatik wird auch in der Elektrotechnik die „aufgelöste" Darstellung angewendet, d. h. die einzelnen Bauteile werden im Schaltplan möglichst übersichtlich angeordnet, unabhängig von ihrer tatsächlichen Lage in der Steuerung.

Regeln für Stromlaufpläne:

- Strompfade werden immer von Plus nach Minus (von oben nach unten) gelesen.
- Schaltsymbole werden in diesem Heft in unbetätigtem Zustand dargestellt.
- Senkrechte Linien sind Kabel, die von Ihnen gesteckt werden müssen.
- In jedem Strompfad muss ein Verbraucher angeschlossen sein, sonst entsteht ein Kurzschluss.
- Vorgeschrieben ist die farbliche Kennzeichnung:

rote Kabel	Verbindung vom Pluspol zur ersten Steckbuchse und alle weiteren Verknüpfungen
blaue Kabel	Verbindung von der letzten Steckbuchse zum Minuspol
schwarze Kabel	Signalleitungen von Sensoren

Beispiel

Wenn der Taster SF1 oder der Taster SF2 betätigt wird, soll eine Lampe aufleuchten.

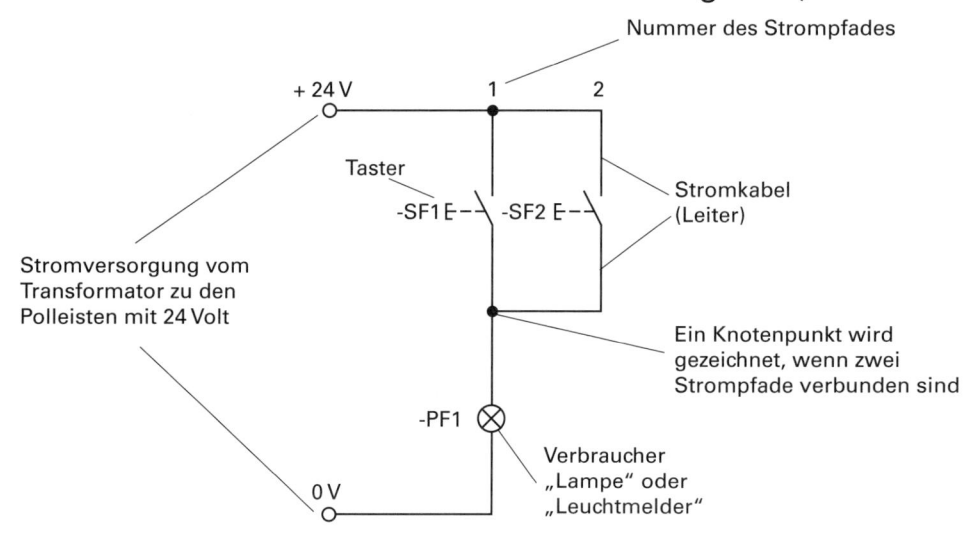

Wichtig:

Besteht eine Schaltung aus mehreren Strompfaden, werden diese zuerst von oben nach unten und dann von links nach rechts gelesen. Die Reihenfolge der einzelnen Strompfade muss nicht dem Steuerungsablauf entsprechen.

| Informationsblatt | Signalglieder | **STEUERUNGSTECHNIK** |

4 Mechanische Signalglieder

Signalglieder benötigt man, um Strom an Verbraucher weiterzuleiten oder Stromkreise zu unterbrechen. Dies geschieht durch das mechanische „Schließen" oder „Öffnen" von Kontakten. Der Stromfluss wird auch als „elektrisches Signal" bezeichnet.

Mechanische Signalglieder werden von Hand, durch Gegenstände oder durch Magnete betätigt. Sie haben eine einfache Bauweise und sind deshalb preiswert. Ihre Funktionssicherheit ist nur bei guten Arbeitsbedingungen zufrieden stellend. Nachteilig ist das häufige Brechen der Kontaktfeder, die Empfindlichkeit gegen Verschmutzung und der Verschleiß an den Kontakten.

4.1 Signalglieder mit Handbetätigung

Schematische Darstellung   Schaltzeichen

Schalter

Schalter werden von Hand betätigt. Das Signal wird durch eine Raste gespeichert, bis der Schalter erneut betätigt wird.

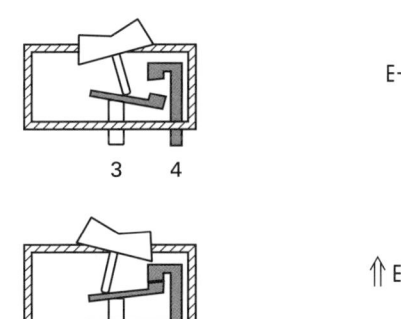

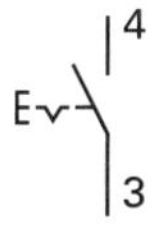

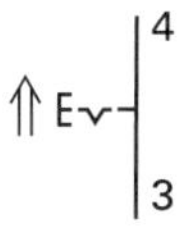

Taster

Taster werden von Hand betätigt. Sie schließen den Stromkreis nur so lange, wie die Taste gedrückt wird. Durch eine Feder werden die Kontakte wieder in die Ausgangsstellung zurückbewegt.

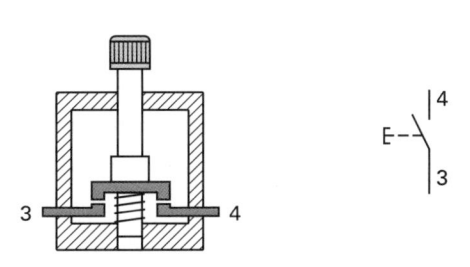

4.2 Mechanische Grenztaster

Mechanische Grenztaster werden meist von Zylindern oder Werkstücken betätigt. Sie fragen über eine Rolle oder einen Nocken deren Lage ab.

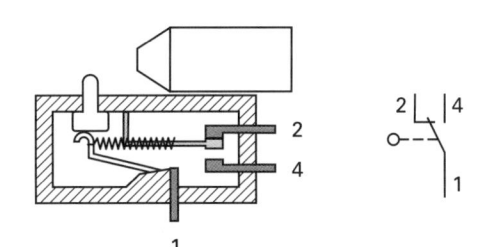

STEUERUNGSTECHNIK — Signalglieder — Informationsblatt

Mechanische Grenztaster besitzen einen Sprungschalter, der bei einem bestimmten Anfahrpunkt schlagartig schaltet.
Der Pfeil zeigt an, dass das Signalglied betätigt ist.

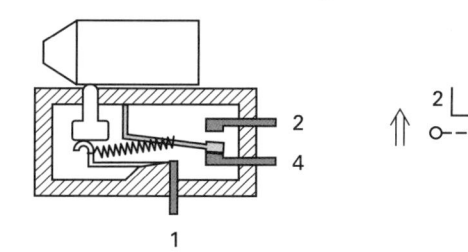

Schematische Darstellung   Schaltzeichen

4.3 Schaltzustände

Bei mechanischen Signalgliedern werden zwei Schaltzustände unterschieden. Für deren Bezeichnung ist entscheidend, welcher Schaltzustand bei der **Betätigung** erreicht wird.

Schematische Darstellung   Schaltzeichen

Schließer
Bei Betätigung eines Schließers wird ein Stromkreis **geschlossen**. Der Strom fließt von Kontakt 4 nach 3.

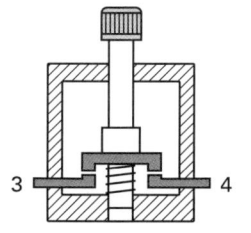

Öffner
Bei Betätigung eines Öffners werden die Kontakte **geöffnet**. Ein Stromkreis wird unterbrochen.

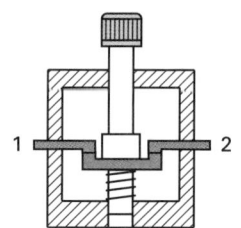

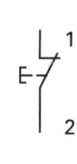

Wechsler
Bei Betätigung eines Wechslers wird ein Stromkreis geschlossen (z. B. Kontakt 1 nach 4) und gleichzeitig ein anderer geöffnet (Kontakt 1 nach 2).

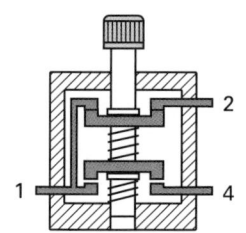

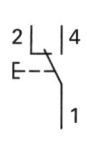

Wichtiger Hinweis:

Die Anschlüsse eines Schließers werden mit den Zahlen 3 und 4 gekennzeichnet, während die Anschlüsse eines Schließers beim Wechsler mit den Zahlen 1 und 4 gekennzeichnet werden. Beide Schließer erfüllen die gleiche Funktion und sind normgerecht beschriftet.

Wir haben nachfolgend meist auf eine Beschriftung der Anschlussbuchsen verzichtet und verwenden nur das Schaltzeichen.

| Informationsblatt | Relais | STEUERUNGSTECHNIK | Seite 49 |

5 Das Relais

Herkunft: französisch, gespr. „Relä", Mehrzahl: „Reläß"

Das Relais ist in einer elektrischen Steuerung die Schaltzentrale (das Steuerglied). In einem Relais werden alle Informationen der Signalglieder aufgenommen, verarbeitet (verknüpft) und an die Verbraucher, z. B. Magnetventile, optische und akustische Signalgeber, weitergeleitet.

5.1 Funktionsweise von Relais

Die Magnetspule eines Relais wird durch ein Signalglied aktiviert. Das Signalglied wird mit dem Steuerstromkabel (schwarzes Kabel) an die Buchse A1 des Relais angeschlossen, die Buchse A2 wird mit dem Minuspol verbunden. Ist das Signalglied betätigt, fließt Strom.

Die Spule baut ein Magnetfeld auf und zieht den Anker an. Dadurch werden Kontakte (Öffner, Schließer oder Wechsler) betätigt. Da mehrere Kontakte nebeneinander liegen, können gleichzeitig mehrere Stromkreise geschlossen oder geöffnet werden.

Schematische Darstellung

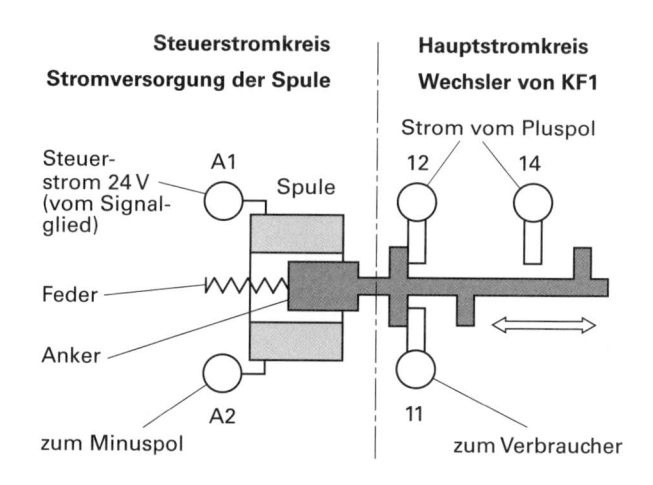

Schaltzeichen

5.2 Einsatzmöglichkeiten von Relais

Signalvervielfältigung:
Da der Anker des Relais mit mehreren Kontakten (Öffnern, Schließern) verbunden ist, können so mehrere Stromkreise gleichzeitig gesteuert werden.

Logische Verknüpfungen:
Die Verwendung mehrerer Relais ermöglicht „logische Verknüpfungen" von Signalen, z. B. UND- bzw. ODER-Verknüpfungen.

Signalverstärkung:
Ein Signalglied betätigt ein Relais mit einer Steuerspannung von 24 V. Über die Schaltkontakte kann der Stromkreis eines Verbrauchers mit z. B. 230 V oder 400 V geschlossen werden. Das Signal wird also verstärkt.

In der Ausbildung wird auch im Hauptstromkreis mit einer Spannung von 24 V gearbeitet, es besteht daher keine Gefahr für den Menschen.

STEUERUNGSTECHNIK — Relais — Informationsblatt

Signalumkehr:
Eine Signalumkehr wird erreicht, wenn der Öffner eines Relais angeschlossen wird.

5.3 Die Relaisbox

In der Ausbildung wird meistens mit einer Relaisbox gearbeitet, die aus übereinander liegenden Relais besteht. Zu jedem Relais gehören neben den Anschlüssen für den Spulenstrom A1 und A2 mehrere **Wechsler**, die auch als **Öffner** oder **Schließer** verwendet werden können.

Schematische Darstellung einer Relaisbox

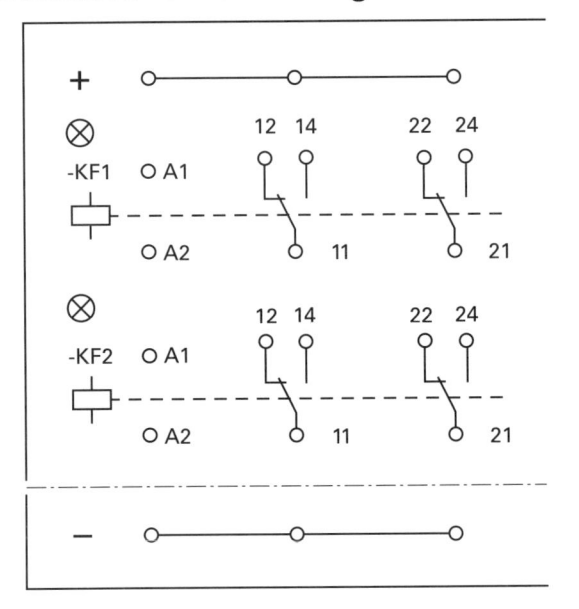

Bezeichnung der Anschlüsse beim Relais:
A1 und A2 sind die Anschlüsse der Magnetspulen der Relais

Bezeichnung der Anschlüsse bei einem „Wechsler":
1 und 2 kennzeichnen einen Öffner
11 und 12 kennzeichnen den
1. Öffner des Relais

1 und 4 kennzeichnen einen Schließer
21 und 24 kennzeichnen den
2. Schließer des Relais

Eine Signallampe zeigt an, wenn das Relais betätigt ist. So können Sie auch die Funktion der verwendeten Signalglieder prüfen.

5.4 Darstellung von Relais im Schaltplan

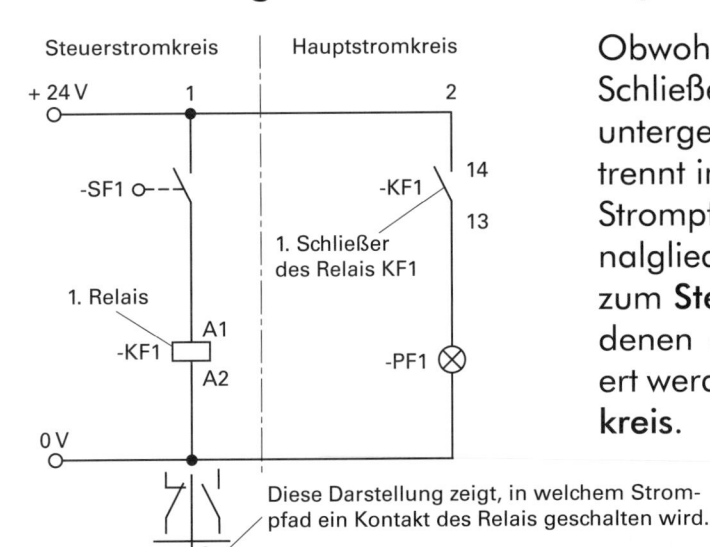

Obwohl die Magnetspule und der Schließer des Relais in einem Bauteil untergebracht sind, werden sie getrennt in zwei Strompfaden dargestellt. Strompfade, in denen Relais und Signalglieder enthalten sind, gehören zum **Steuerstromkreis**. Strompfade, in denen andere Verbraucher angesteuert werden, gehören zum **Hauptstromkreis**.

Diese Darstellung zeigt, in welchem Strompfad ein Kontakt des Relais geschalten wird.

6 Sensoren (Näherungsschalter)

Sensoren sind berührungslose Signalglieder, die physikalische Größen in Strom umwandeln und zur Verarbeitung weiterleiten. Da sie mit dem Messgegenstand nicht in Berührung kommen (berührungslos) und der Schaltvorgang elektronisch gesteuert wird, arbeiten sie verschleißfrei und haben eine lange Lebensdauer. Elektrische Sensoren benötigen eine Betriebsspannung und haben daher drei Anschlusskabel. Das rote und das blaue Kabel sorgen für die Stromversorgung, das schwarze Kabel leitet das elektrische Schaltsignal zur Verarbeitung an ein Relais weiter.

Schaltplan

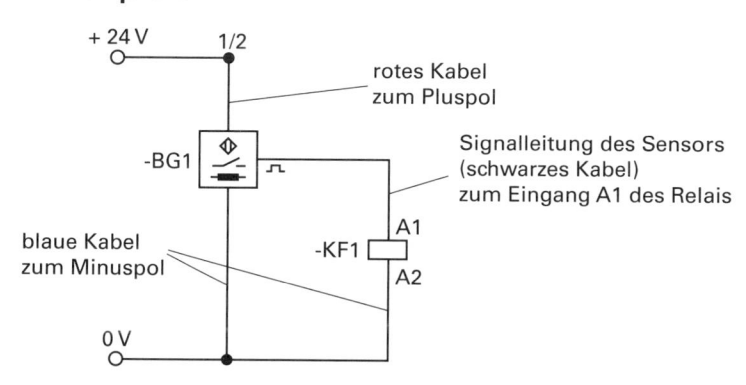

Sensoren werden **immer** über ein Relais an einen Verbraucher angeschlossen. Das hat folgende Gründe:

- Leistungsstarke Verbraucher können den Sensor zerstören (Stromstärke!).
- Die Signale können mehrmals verwendet oder umgekehrt werden.

6.1 Fotoelektrischer Sensor (Reflexionssystem)

Diese fotoelektrischen Sensoren erfassen Gegenstände, wenn ein ausgesandter Lichtstrahl an einer Oberfläche **reflektiert** wird. Eine Fotodiode (lichtempfindliches Element) wandelt den Lichtstrahl in elektrischen Strom um, der dann verstärkt wird. Ab einer bestimmten Änderung der reflektierten Lichtmenge erfolgt der Schaltvorgang.

Sender und Empfänger sind in einem Bauteil untergebracht. Dieses System wird eingesetzt, wenn Werkstücke eine gut reflektierende Oberfläche besitzen.

> Die Eingangsgröße ist ein Lichtsignal, die Ausgangsgröße ist ein elektrisches Signal.

Schematische Darstellung

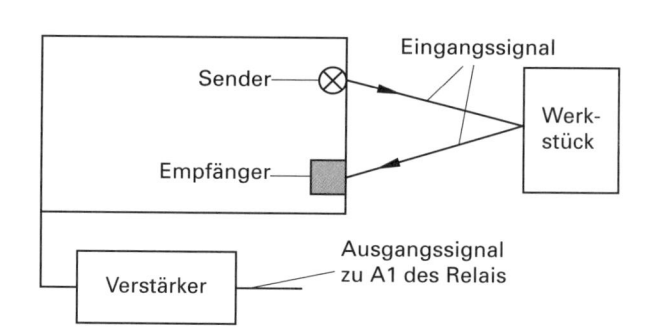

Schaltzeichen

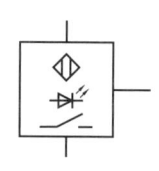

6.2 Fotoelektrischer Sensor (Reflexions-Lichtschranke)

Diese fotoelektrischen Signalgeber erfassen Gegenstände, indem ein reflektierter Lichtstrahl durch diese Gegenstände **unterbrochen** wird. Ab einer bestimmten Änderung der reflektierten Lichtmenge erfolgt der Schaltvorgang.
Als Empfänger dient eine Fotodiode (lichtempfindliches Element). Diese wandelt den reflektierten Lichtstrahl in elektrischen Strom um, der verstärkt wird.

> Die Eingangsgröße ist ein reflektiertes Lichtsignal, die Ausgangsgröße ist ein elektrisches Signal.

Schematische Darstellung

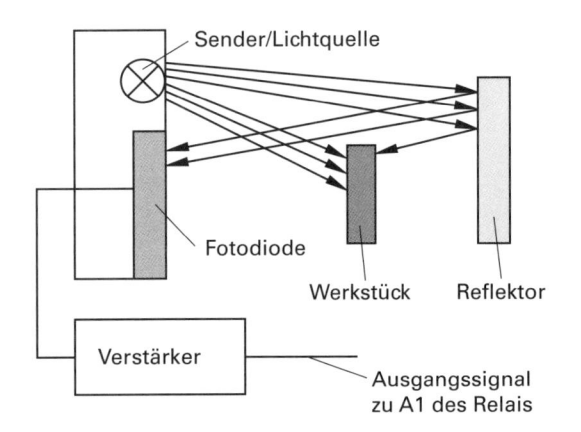

Schaltzeichen

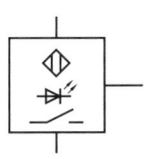

6.3 Induktiver Sensor

Das Grundprinzip entspricht dem der Induktion. Ein magnetisches Feld wird durch Spulen erzeugt. Stört man dieses Feld durch einen elektrisch leitenden Gegenstand, wird eine Induktionsspannung erzeugt. Diese entzieht dem Sensor Energie und führt zu einem Schaltvorgang.

> Die Eingangsgröße ist ein gestörtes Magnetfeld, die Ausgangsgröße ist ein elektrisches Signal.

Schematische Darstellung

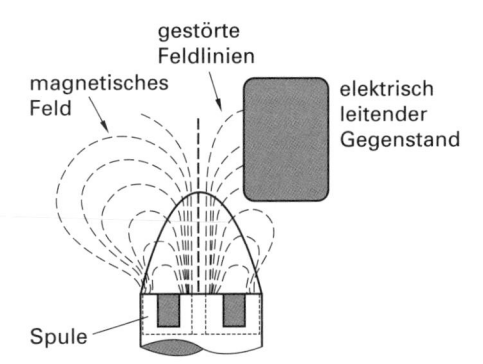

Schaltzeichen

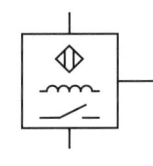

| Informationsblatt | Sensoren | **STEUERUNGSTECHNIK** | Seite 53 |

6.4 Kapazitiver Sensor

Die vordere Fläche des Sensors ist als Kondensator aufgebaut. Es bildet sich zwischen den beiden Platten ein elektrisches Feld.
Stört ein Gegenstand oder eine Flüssigkeit das elektrische Feld, wird die elektrische Ladung des Kondensators geändert. Dies führt zu einem Schaltvorgang.

> Die Eingangsgröße eines kapazitiven Sensors ist die geänderte Kondensatorladung. Die Ausgangsgröße ist ein elektrisches Signal.

Schematische Darstellung · Schaltzeichen

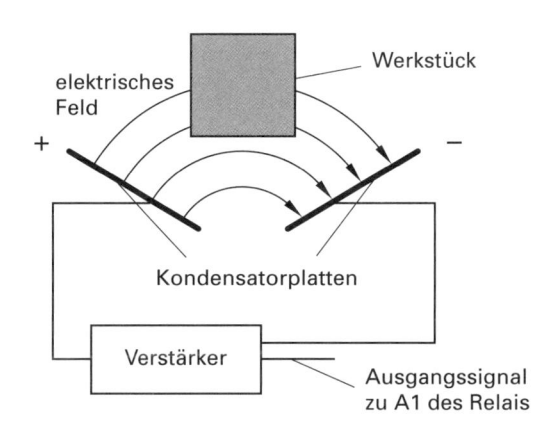

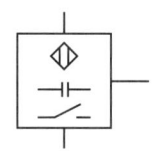

6.5 Reedkontakt (Magnetschalter)

Der Reedkontakt ist besonders geeignet, um bei Pneumatikzylindern die Stellung des Kolbens direkt zu erfassen und dieses Signal weiterzuleiten.

Nähert sich der Dauermagnet, der sich am Kolben befindet, dem am Kolbengehäuse befestigten Schaltkontakt, wird dieser durch die Magnetkraft sprunghaft geschlossen. Die Kontakte sind in einen Glaskörper eingeschlossen, damit Feuchtigkeit oder Korrosion den Schaltvorgang nicht stören.

> Die Eingangsgröße des Magnetschalters ist ein Magnetfeld, die Ausgangsgröße ein elektrisches Signal.

Schematische Darstellung · Schaltzeichen

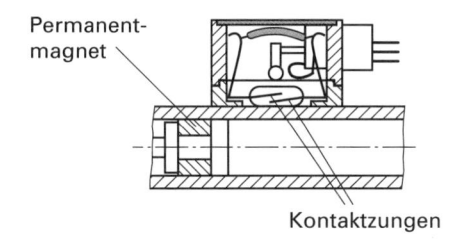

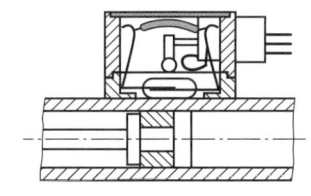

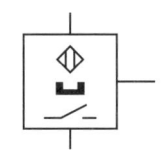

STEUERUNGSTECHNIK — Magnetventil — Informationsblatt

7 Vorgesteuertes Impulsmagnetventil

Magnetisch betätigte Wegeventile sind das Bindeglied zwischen der Pneumatik und der Elektrotechnik. Magnetventile werden auch als Energiewandler bezeichnet.

Funktionsweise: Ein elektrisches Signal erzeugt in der Spule ein Magnetfeld, das den Anker anzieht. Um die Baugröße der Magnetspulen möglichst klein zu halten, wird der Anker als Vorsteuerkolben verwendet. Er öffnet eine Bohrung, durch die der **Arbeitsdruck** 1 über die Dichtungsmembran des Hauptsteuerkolbens in die zweite Schaltstellung verschiebt.
Die Vorsteuerung verstärkt pneumatisch den elektrischen Schaltvorgang.

Schematische Schnittdarstellung eines Magnetventils

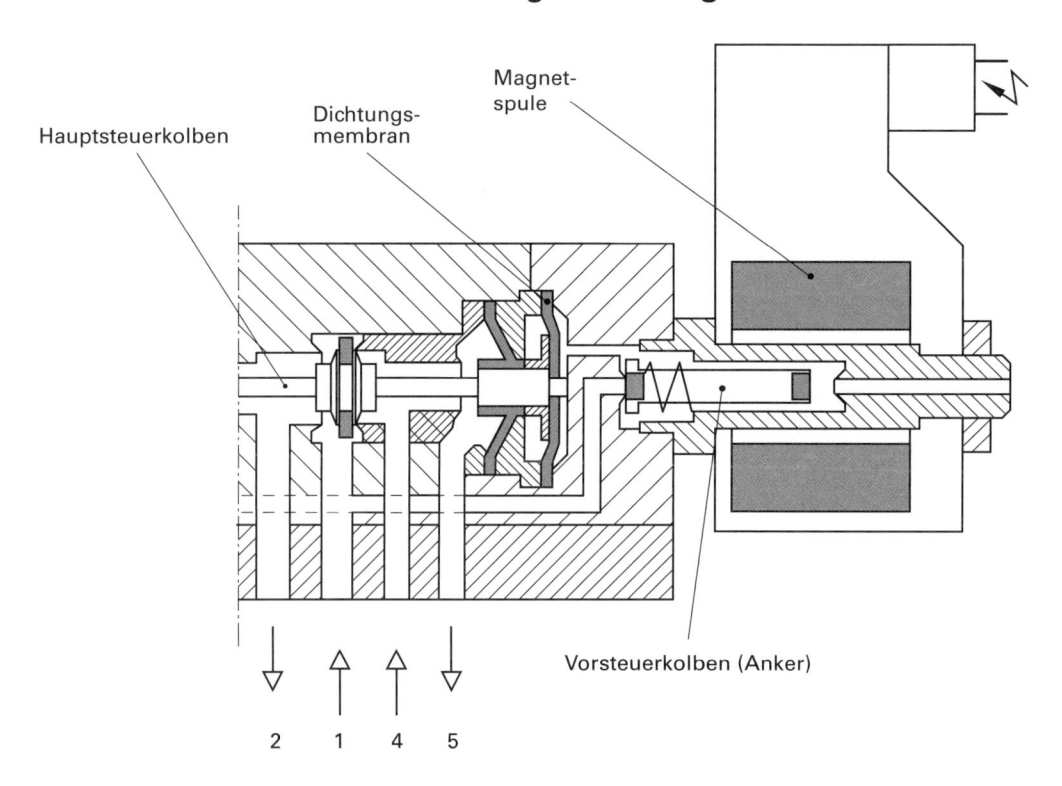

Hauptsteuerkolben — Dichtungsmembran — Magnetspule — Vorsteuerkolben (Anker)

2 1 4 5

Darstellung im Pneumatikplan

-QM1, -MB1, -MB2, Handhilfsbetätigung, Vorsteuerung, Magnetspule, Pneumatisches Wegeventil

Darstellung im Elektroplan

-MB1   -MB2

| Informationsblatt | Signalverarbeitung | **STEUERUNGSTECHNIK** |

8 Signalverarbeitung

Bei Verknüpfungssteuerungen werden die Eingangssignale über „logische Verknüpfungen" in Relais zu verschiedenen Ausgangssignalen umgewandelt.

- Eingangssignale „E" sind Informationen von Signalgliedern.
- Ausgangssignale „A", z. B. Strom an das Magnetventil M1, werden durch Eingangssignale ausgelöst.
- Schaltzustand der Signale: „0" kein Signal und „1" Signal vorhanden

8.1 Signalverknüpfungen

UND-Verknüpfung
Eine UND-Verknüpfung entspricht einer elektrischen Reihenschaltung.

Wenn der Taster SF1 UND der Taster SF2 betätigt sind, wird das Relais KF1 mit Strom versorgt.

Der Schließer des Relais KF1 schließt den Stromkreis und die Magnetventil MB1 wird aktiviert.

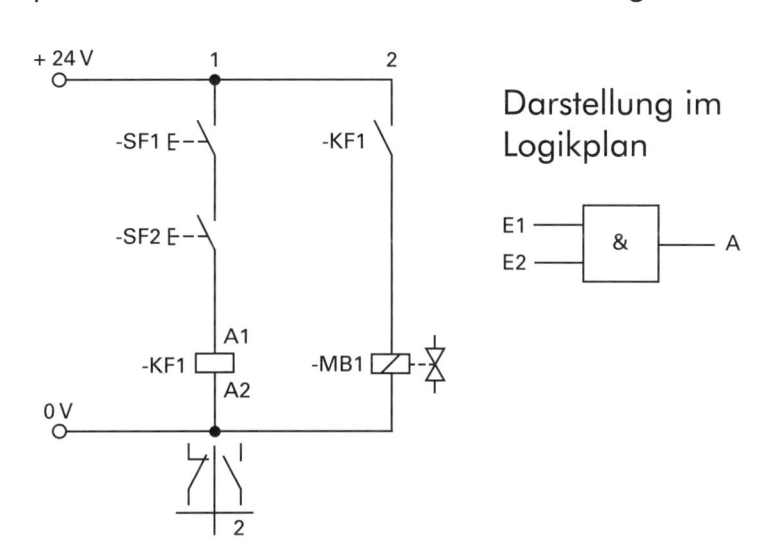

Darstellung im Logikplan

ODER-Verknüpfung
Eine ODER-Verknüpfung entspricht einer elektrischen Parallelschaltung.

Wenn der Taster SF1 ODER der Taster SF2 betätigt ist, wird das Relais KF1 mit Strom versorgt.

Der Schließer des Relais KF1 schließt den Stromkreis und die Magnetventil MB1 wird aktiviert.

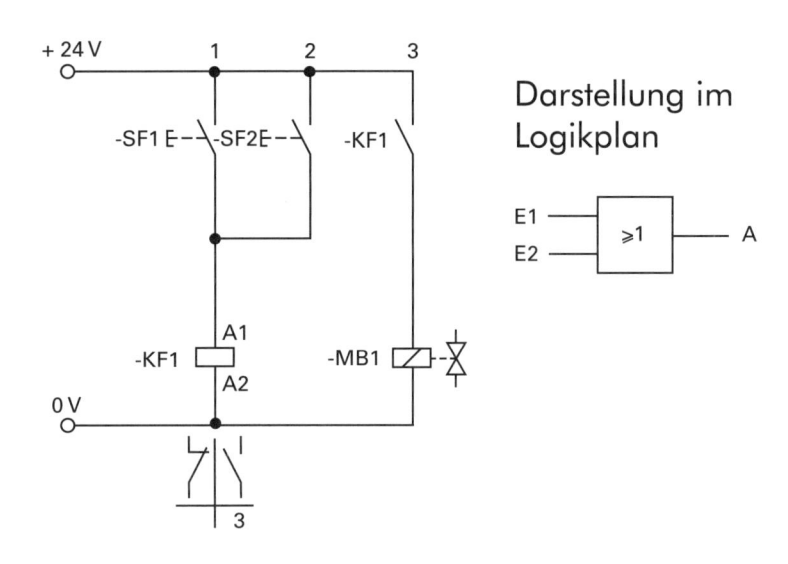

Darstellung im Logikplan

NICHT-Verknüpfung

Eine NICHT-Verknüpfung entspricht in einer elektrischen Schaltung einem Öffner.

Wenn der Taster SF1 betätigt ist, fließt Strom zum Relais KF1.

Der Öffner des Relais KF1 unterbricht den Stromkreis und die Magnetspule MB1 wird NICHT mehr mit Strom versorgt.

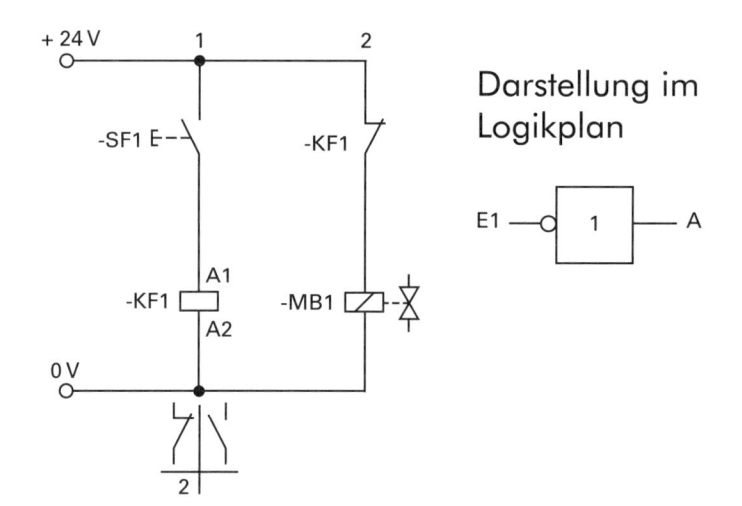

Darstellung im Logikplan

8.2 Signalspeicherung durch Selbsthalteschaltungen

Signalglieder, die nur sehr kurz betätigt werden (Taster oder Rollen), bewirken einen entsprechend kurzen Stromfluss. Diese Signale (Impulse) müssen beim Ablauf der Steuerung oft länger zur Verfügung stehen, als sie tatsächlich wirken.

Die Impulse lassen sich mithilfe einer **Selbsthalteschaltung** dauerhaft halten oder löschen.

Knotenpunkt der Selbsthaltung. Hier werden zwei Kabel in eine Buchse gesteckt (Ausgang SF1 oder Eingang KF?).

Merke: Jede Selbsthalteschaltung muss auch wieder durch einen Öffner gelöscht werden. Das Signal KF? wird vom Ablauf der Steuerung bestimmt.

Selbsthalteschaltungen werden auch eingesetzt, wenn Magnetventile mit Federrückstellung in einer Schaltung verwendet werden. Dadurch kann der Befehl „Zylinder ausfahren" trotz der Federrückstellung des Ventils gespeichert werden und der Zylinder bleibt ausgefahren bis die Selbsthaltung gelöscht wird.

| Informationsblatt | Fehlersuche | **STEUERUNGSTECHNIK** |

9 Planmäßige Vorgehensweise bei der Fehlersuche

Bei der Durchführung von Qualitätsmanagement stehen mehrere systematische Instrumente (Werkzeuge) zur Verfügung. Eine Auswahl von 3 Werkzeugen soll Ihnen Lösungsansätze bieten.

Beispiel: Die Strompfade 1 und 2 des Schaltplans auf Seite 16.
Problem: Der Zylinder 1MM1 ist ausgefahren, aber die Lampe PF1 leuchtet nicht auf.
Hinweis: Dieses eine Problem wird mithilfe von 3 unterschiedlichen Lösungsstrategien analysiert.

1. Fehlersuche nach der Ursache-Wirkungs-Analyse (Ishikawa-Diagramm)

Die Fehleranalyse nach dem Japaner Ishikawa liefert übersichtlich Lösungsstrategien auch bei mehreren gleichzeitig auftretenden Fehlern. Zusätzlich kann mit geringem Platzbedarf auch eine gesamte Steuerung analysiert werden (z. B. auch mit Stromversorgung oder dem Pneumatikteil einer Steuerung) oder es können auch einzelne Bauteile wesentlich genauer überprüft werden.

Funktionsweise: Das Hauptproblem wird rechts von dem waagerechten Wirkungspfeil notiert. Die Haupteinflussfaktoren (Ursachen) stoßen als schräge Pfeile auf den waagrechten Pfeil (daher auch Fischgräten-Diagramm genannt). An den schrägen Pfeilen werden die Hauptursachen in überprüfbare Einheiten aufgegliedert.

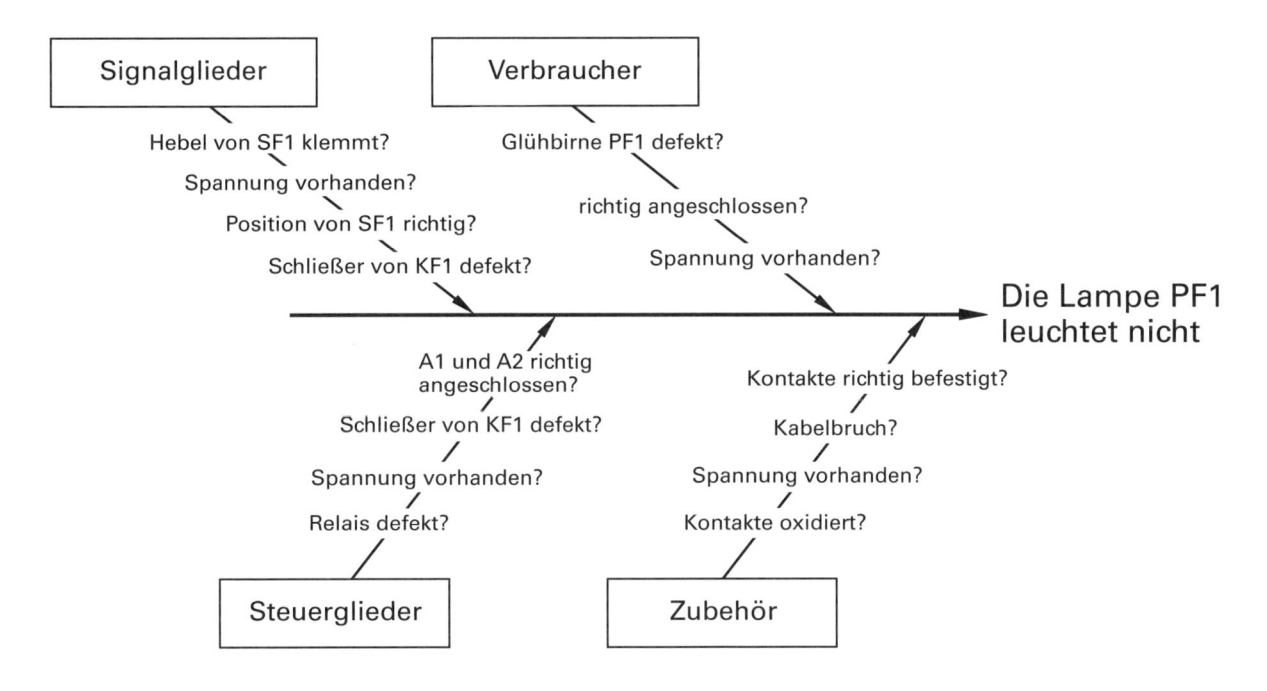

```
    Signalglieder              Verbraucher
         \                         \
    Hebel von SF1 klemmt?    Glühbirne PF1 defekt?
      Spannung vorhanden?
        Position von SF1 richtig?   richtig angeschlossen?
          Schließer von KF1 defekt?   Spannung vorhanden?
              \      \      \       \      \      \
    ─────────────────────────────────────────────→  Die Lampe PF1
              /      /      /       /      /      /  leuchtet nicht
         A1 und A2 richtig
         angeschlossen?         Kontakte richtig befestigt?
        Schließer von KF1 defekt?   Kabelbruch?
      Spannung vorhanden?       Spannung vorhanden?
    Relais defekt?             Kontakte oxidiert?
         /                         /
    Steuerglieder               Zubehör
```

STEUERUNGSTECHNIK — Fehlersuche — Informationsblatt

2. Fehlersuche mit dem Flussdiagramm

Die wichtigsten Symbole und deren Bedeutung:

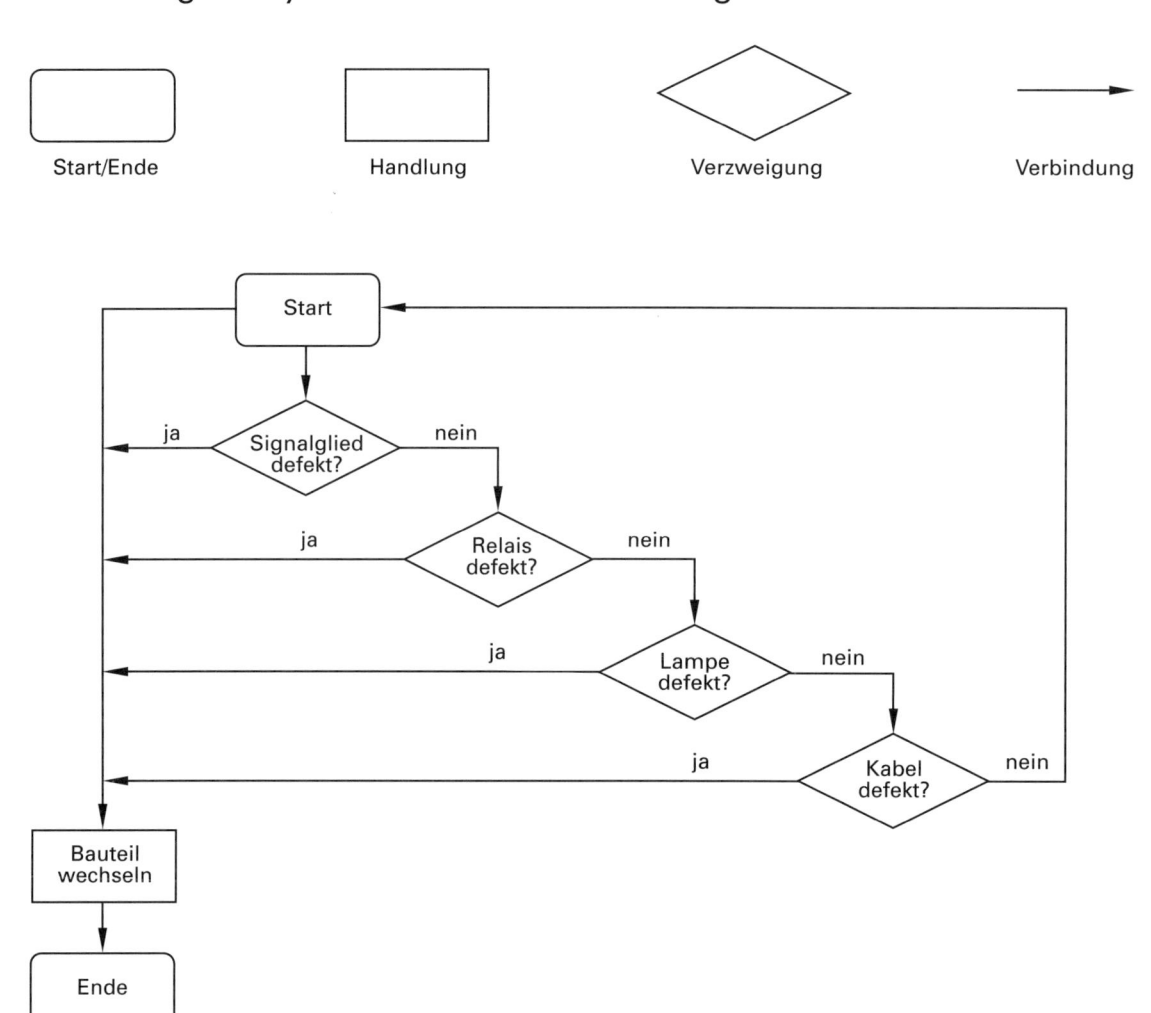

- Start/Ende
- Handlung
- Verzweigung
- Verbindung

```
                    Start
                      │
                      ▼
         ja    ┌─────────────┐   nein
       ◀──────│ Signalglied │──────┐
              │   defekt?   │      │
              └─────────────┘      ▼
         ja    ┌─────────────┐   nein
       ◀──────│   Relais    │──────┐
              │   defekt?   │      │
              └─────────────┘      ▼
         ja    ┌─────────────┐   nein
       ◀──────│    Lampe    │──────┐
              │   defekt?   │      │
              └─────────────┘      ▼
         ja    ┌─────────────┐   nein
       ◀──────│    Kabel    │──────▶ (zurück zu Start)
              │   defekt?   │
              └─────────────┘
              │
              ▼
        Bauteil wechseln
              │
              ▼
            Ende
```

3. Fehlersuche nach einem Fehlersuchplan

Der Fehlersuchplan beschreibt eine Problemlösung durch eine Aneinanderreihung von Handlungsabläufen. Dies kann in Form von Fragen oder Handlungsanweisungen geschehen.

- Abschalten der Energiezufuhr
- Position des Rollentasters prüfen
- Testen des Rollentasters SF1, z. B. durch Widerstandsprüfung
- Testen der Lampe PF1
- Überprüfen des Relais KF1 und des Relaisschließers
- Widerstandsprüfung der Kabel usw.

| Informationsblatt | **NOT-AUS** | **STEUERUNGSTECHNIK** | Seite 59 |

10 NOT-AUS-Bedingungen

Anforderungen an eine NOT-AUS-Einrichtung nach DIN und nach VDE:

1. Es werden alle Antriebe und Stellgeräte ausgeschaltet, durch deren Weiterbetrieb Gefahren für Personen oder Einrichtungen entstehen können.

   Falls Gefahren bei Weiterbetrieb bestehen, ist folgendermaßen vorzugehen:
   - Das Programm einer Steuerung muss sofort unterbrochen werden.
   - Der Arbeitsteil (z. B. Zylinder) wird bei Betätigung des Not-Aus-Schalters in eine ungefährliche Lage gefahren.

2. Nicht abgeschaltet werden Antriebe oder Stellgeräte, wenn dadurch Personen oder Einrichtungen gefährdet werden.

NOT-AUS-Schalter sind Öffner mit einer Raste.

NOT-AUS-Schalter werden an Maschinen oder Steuerungen an gut zugänglicher Stelle angebracht. Sie sind an einem großen roten Knopf auf gelbem Grund zu erkennen. Nach Betätigung ist der NOT-AUS-Schalter manchmal durch ein Schloss gesichert.

Beispiel

Ein Pneumatikzylinder soll bei Betätigung des NOT-AUS-Schalters SF3 sofort in seine Endlage zurückfahren, unabhängig von seiner momentanen Stellung.

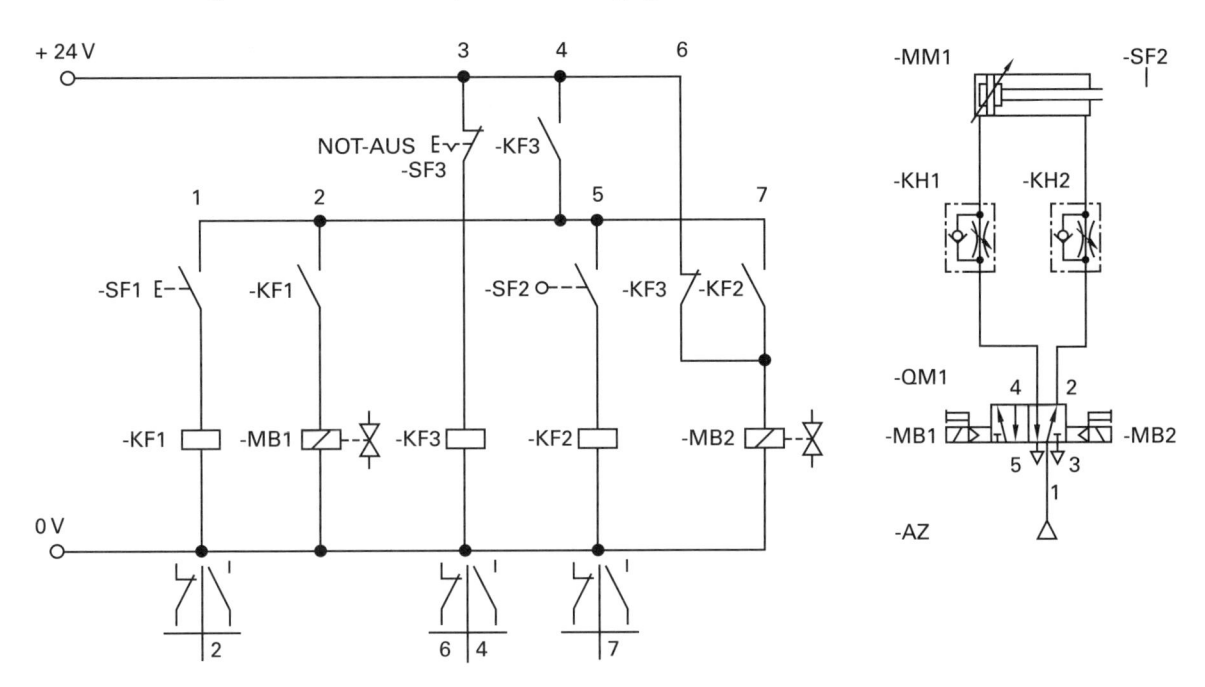

11 Erweiterte GRAFCET-Darstellung

GRAFCET kann in unterschiedlichen Variationen dargestellt werden. Die einfache Form über die Verfahrbewegungen der Zylinder haben Sie bereits selbst erstellt. Alternativ können auch die Schaltvorgänge der Ventile oder Magnetspulen zur Darstellung des Ablaufs verwendet werden.

Beispiel

Zylinder 1MM1 fährt aus, wenn beide Zylinder eingefahren sind und der Sensor BG3 betätigt wird. Wenn der Zylinder 1MM1 ausgefahren ist, wird der Sensor 1BG2 betätigt. Daraufhin soll Zylinder 1MM1 wieder einfahren und gleichzeitig der Zylinder 2MM1 ausfahren. Alle Schritte sind durch Selbsthaltungen gespeichert und werden in nachfolgenden Schritten gelöscht.

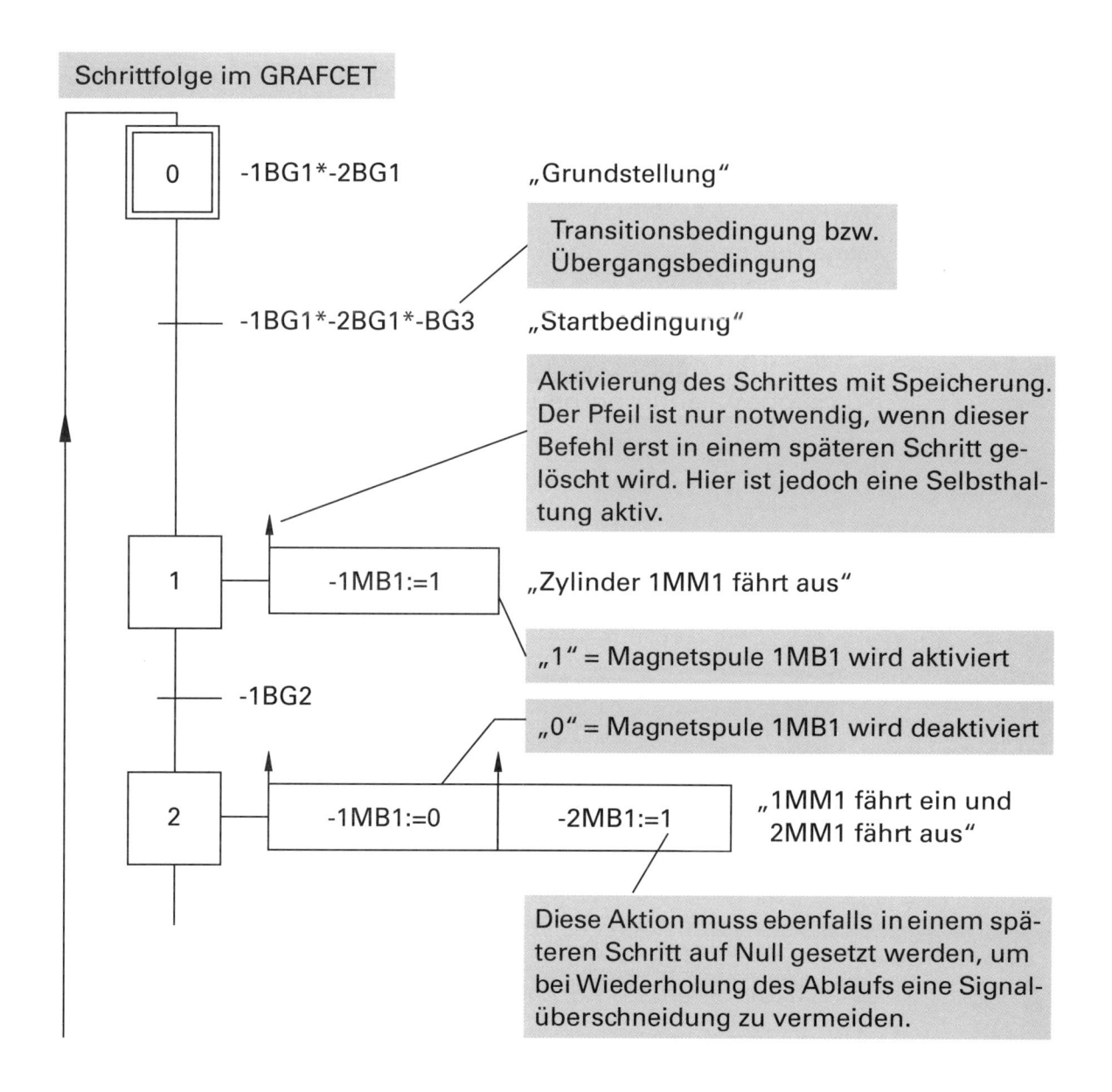

Schrittfolge im GRAFCET

- Schritt 0: -1BG1*-2BG1 — „Grundstellung"
- Transitionsbedingung bzw. Übergangsbedingung: -1BG1*-2BG1*-BG3 — „Startbedingung"
- Schritt 1: -1MB1:=1 — „Zylinder 1MM1 fährt aus"
  - Aktivierung des Schrittes mit Speicherung. Der Pfeil ist nur notwendig, wenn dieser Befehl erst in einem späteren Schritt gelöscht wird. Hier ist jedoch eine Selbsthaltung aktiv.
  - „1" = Magnetspule 1MB1 wird aktiviert
- Transition: -1BG2
  - „0" = Magnetspule 1MB1 wird deaktiviert
- Schritt 2: -1MB1:=0 | -2MB1:=1 — „1MM1 fährt ein und 2MM1 fährt aus"
  - Diese Aktion muss ebenfalls in einem späteren Schritt auf Null gesetzt werden, um bei Wiederholung des Ablaufs eine Signalüberschneidung zu vermeiden.

Informationsblatt Taktkettensteuerung STEUERUNGSTECHNIK

12 Prinzip einer Taktkette

Eine Ablaufsteuerung verwirklicht man am einfachsten mit einer Taktkette. So können auch umfangreichere Aufgaben mit mehr als 2 Arbeitsgliedern einfach und sicher geplant und ausgeführt werden. Dies ist auch der Grund, warum die Taktkettensteuerung als Industriestandard gilt.

Für eine Taktkettensteuerung gelten die folgenden Regeln:

- Jeder Arbeitsschritt muss mit einer Selbsthaltung versehen werden.

- Der nächste Schritt einer Steuerung wird erst möglich, wenn sichergestellt ist, dass der vorausgegangene Schritt ausgeführt wurde (KF3 in Strompfad 1 und 3).

- Jede Endlage eines Arbeitsgliedes muss durch ein Signalglied abgefragt werden.

- Nach vollendeten Arbeitsschritten wird der vorher aktive Strompfad geöffnet. **Dadurch werden Signalüberschneidungen vermieden** (KF5 in Strompfad 3 und 5).

- Der erste Schritt einer Taktkette wird häufig durch einen zusätzlichen Strompfad vorbereitet (Strompfad 7), z. B. zur Inbetriebnahme der Anlage.

Grundprinzip einer Taktkettensteuerung:

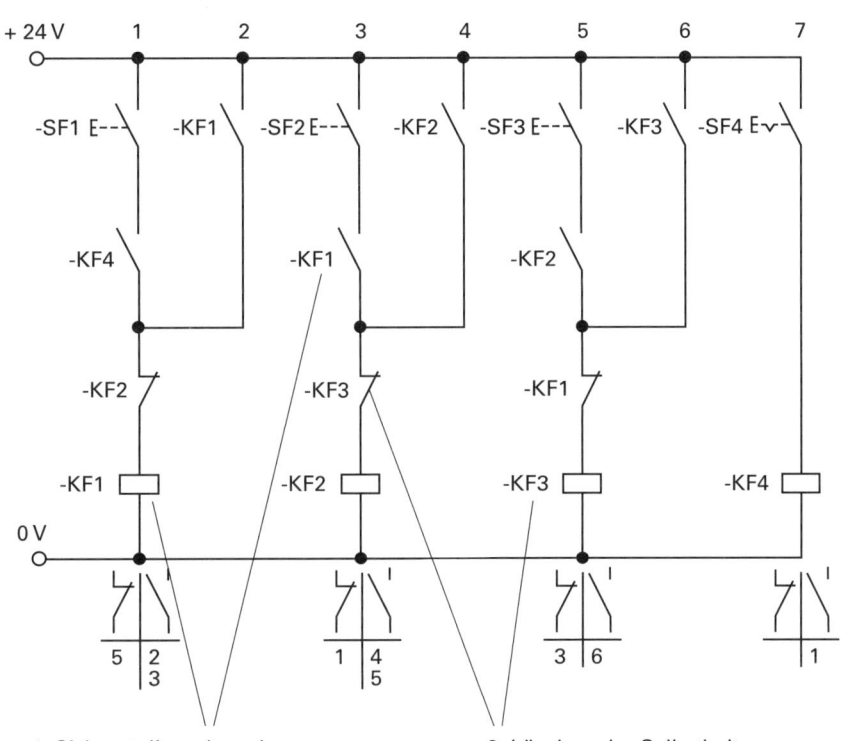

1. Sicherstellen, dass der vorausgegangene Schritt ausgeführt wurde
2. Löschen der Selbsthaltung durch den nachfolgenden Schritt

Stichwortverzeichnis — STEUERUNGSTECHNIK

Index

Deutsch	English	Seite/page
Aktionsfeld	action field	44
Anker (Stößel)	plunger (pneumatic), armature (electronic).	49
Ausgangssignal	output signal	51
Bauglieder	components	45
Eingangssignal	inlet signal	51
Einsatzmöglichkeiten von Relais	application range of relais	49
Elektroplan (Schaltplan)	circuit diagram	46
Fehlersuchplan	error detection plan	58
Flussdiagramm	flow chart	58
fotoelektrischer Sensor	photoelectric sensor	
Reflexionssystem	reflection principle	51
Funktionsdiagramm	function diagram	45
Funktionsweise von Relais	mode of operation of relay	49
GRAFCET	GRAFCET	43
Handbetätigung	with manual control	47
Handhilfsbetätigung	manual override	54
Hauptsteuerkolben	main control piston	54
Hauptstromkreis	main circuit	49
Impulsmagnetventil	pulse solenoid valve	54
induktiver Sensor	inductive sensor	52
Ishikawa-Diagramm	Ishikawa diagram	57
kapazitiver Sensor	capacitive sensor	53
Knotenpunkt	panel point (math., techn.) node, junction	46
Kontakte	contacts	47
Kontaktsteuerung	contact control	46
Magnet	solenoid (magnet)	53
_schalter	_ switch	53
_ventil	_ valve	54
_spule	_ coil	49
mechanische Signalglieder	mechanical signalling element	47
mechanischer Grenztaster	mechanical limit valve	48
Näherungsschalter	proximity switch	51
Not-Aus-Schalter	emergency off switch	59
Not-Aus-Schaltung	emergency off circuit (switching)	59
Öffner	opener, normally closed contact (el.)	47
Pneumatikplan	pneumatic diagram (_ chart)	54

Deutsch	English	Seite
Raste (Verriegelung)	latch (pneum.), detent	47
Reedkontakt	reed contact	53
Relais	relay	49
_box	_ box	50
Schalter	switch	47
Schaltzeichen	circuit symbol	47
Schaltzustände	operating status	48
Schließer	normally open contact	48
Selbsthalteschaltung	latching circuit	56
Sensoren	sensors	51
Signal	signal	
_glieder mit Handbetätigung	signalling element with manual control	47
_lampe	_ lamp	50
_linien	_ lines	45
_überschneidung	_ overlapping signals	27
_umkehr	_ inversion	50
_verarbeitung	_ processing	55
_verknüpfungen	_ logic	55
_verstärkung	_ amplification	49
_vervielfältigung	_ duplication (mimeographing)	49
Spule	coil, solenoid coil	49
Steuerstromkreis	control circuit	50
Stromlaufplan	circuit diagram	46
aufgelöste Darstellung	resolved (disintegrated) representation	46
_pfad	current path	46
Taktkette	sequencer	61
Taster	push-button	47
Transition	transition	43
Transitionsbedingung	step enabling condition	43
Übergangsbedingung	step enabling condition	43
Ursache-Wirkungs-Analyse	cause-actient-analysis	57
Verbraucher (Anwender)	load (electr.), (consumer)	49
Verknüpfung	logic operation	55
NICHT-_	– NOT	56
ODER-_	– OR	55
UND-_	– AND	55
Vorsteuerkolben	pilot piston	54
Vorsteuerung	pilot control	54
Wechsler	changeover switch	48
Weg-Schritt-Diagramm	sequence diagram, displace-step diagram	45
Weiterschaltbedingung	step enabling condition	43
Wirkverbindung	operational connection	43